农业机械化生产与种植技术

彭艳芳　魏芳霞　赵胜雪　著

北京工业大学出版社

图书在版编目（CIP）数据
农业机械化生产与种植技术 / 彭艳芳，魏芳霞，赵胜雪著．-- 北京 ：北京工业大学出版社，2024．12．
ISBN 978-7-5639-8720-7
Ⅰ．S3
中国国家版本馆 CIP 数据核字第 2024FH8215 号

农业机械化生产与种植技术
NONGYE JIXIEHUA SHENGCHAN YU ZHONGZHI JISHU

著　　者：彭艳芳　魏芳霞　赵胜雪
责任编辑：杜一诗
封面设计：阿　苏
出版发行：北京工业大学出版社
（北京市朝阳区平乐园 100 号 邮编：100124）
010-67391722（传真）bgdcbs@sina.com
经销单位：全国各地新华书店
承印单位：河北文盛印刷有限公司
开　　本：787 毫米 × 1092 毫米 1/16
印　　张：13.25
字　　数：279 千字
版　　次：2024 年 12 月第 1 版
印　　次：2025 年 1 月第 1 次印刷
标准书号：ISBN 978-7-5639-8720-7
定　　价：68.00 元

前　言

农业，作为人类社会的基石，自古以来就承载着养育万民、支撑文明发展的重任。随着时代的进步和科技的飞速发展，传统的农业生产方式已难以满足现代社会对农产品产量、品质及环境可持续发展的要求。农业机械化生产与种植技术应运而生，成为推动现代农业发展的强大动力。

农业机械化生产是运用先进实用的农业机械装备，改善农业生产经营条件，不断提高农业的生产技术水平和经济效益、生态效益。农业机械化的发展提高了农业生产效率，使得农业生产更加高效、精准和可持续。在农业机械化生产的过程中，农用机械设备的应用越来越广泛。从耕种、排灌、植保到收获，各个环节都实现了机械化作业。此外，随着智能化技术的发展，农业机械的自动化、智能化水平也在不断提高。

种植技术是农业生产中的关键环节，对于提高农作物产量和品质具有重要意义。随着农业机械化的发展，种植技术也在不断创新和完善。

随着科技的不断进步和农业生产方式的不断创新，农业机械化生产与种植技术的未来发展前景广阔。鉴于此，本书围绕“农业机械化生产与种植技术”这一主题，由浅入深地阐述了农业的历史演变与现代发展、农业对人类社会和经济的贡献、农业现代化的必要性与价值，系统地论述了农业机械化及其发展的驱动因素、发展路径以及山区农业机械化，探究了农作物种植技术、果树栽培及果品采收，诠释了农业机械化与农业种植的融合发展，以期为读者理解与践行农业机械化生产与种植技术提供有价值的参考和借鉴。本书内容翔实、条理清晰、逻辑合理，具备理论性与实践性，适用于从事农业生产与管理的专业人员。

本书由彭艳芳、魏芳霞、赵胜雪共同撰写，感谢郭芳、刘向勤、许梦阳参与本书的统筹工作。

本书旨在系统介绍农业机械化生产与种植技术的最新进展、应用现状以及未来发展趋势，揭示现代农业发展的新动力。我们希望通过本书为读者提供一个全面、深入的视角，让读者能够了解并掌握这一领域的核心知识和技能，为推动我国农业现代化进程贡献自己的力量。

作者

2024 年 10 月

目　录

第一章　农业综述

第一节　农业的历史演变与现代发展

一、农业的多维解读

（一）农业的概念

农业，作为人类最早的经济活动之一，是人类赖以生存的基础产业。它涵盖了利用土地资源，通过植物、动物的培育、养殖和加工，为人类提供食物、纤维及其他生活资料的过程。同时，农业也是国民经济的重要组成部分，对于维护社会稳定、促进经济发展具有不可替代的作用。

（二）农业的产业形式

1. 种植业

种植业是农业的主要产业形式之一，它涵盖了各种粮食、蔬菜、水果、油料、棉花、烟草等作物的种植。种植业的发展不仅为人们提供了丰富的食物来源，也带动了相关产业的发展，如农药、化肥、农机具等。现代种植业已经实现了规模化、机械化和信息化，大大提高了生产效率。

2. 林业

林业是农业的另一个重要组成部分，它涉及森林的培育、保护、利用和管理。林业的发展对于维护生态平衡、保护自然环境具有重要意义。同时，林业也为人们提供了木材、纸浆、林化产品等重要的生产资料和生活资料。近年来，随着人们生态环境保护意识的提高，在林业的发展方面也更加注重生态效益和社会效益。

3. 畜牧业

畜牧业是农业的重要支柱之一，它涉及家畜、家禽的饲养和繁殖。畜牧业的发展为人

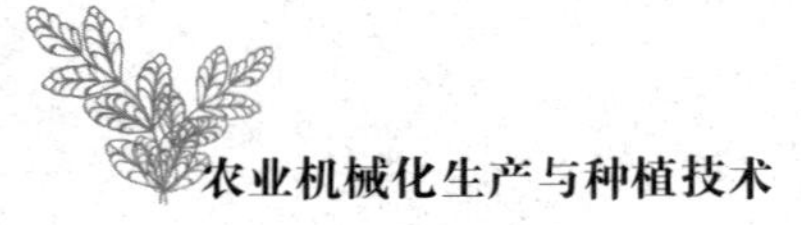

们提供了肉、蛋、奶等重要的食品来源，同时也带动了饲料、兽药等相关产业的发展。现代畜牧业已经实现了规模化、集约化和标准化生产，大大提高了产品的质量和产量。

4. 渔业

渔业是农业中的特殊产业形式，它涉及水生生物的捕捞、养殖和加工。渔业的发展为人们提供了丰富的水产品，如鱼类、虾类、贝类等。同时，渔业的发展也带动了渔具、渔网等相关产业的发展。现代渔业已经实现了捕捞技术的现代化和养殖模式的多样化。

5. 副业

副业是农业中的辅助产业形式，它涉及农产品加工、农村旅游、农村电商等多个领域。副业的发展不仅增加了农民的收入来源，也促进了农村经济的多元化发展。例如，农产品加工可以将农产品转化为附加值更高的产品，提高农产品的市场竞争力；农村旅游可以吸引游客前来体验乡村生活，促进农村经济的转型升级；农村电商则是通过网络平台将农产品销售到更广阔的市场。

农业是一个多元化、综合性的产业体系，它不仅为人们提供了丰富的食品和生活资料，也促进了国民经济的发展和社会稳定。我们应该更加注重农业的可持续发展，加强科技创新和人才培养，使农业现代化进程不断向前推进。

二、农业的历史演变

农业的发展大致可分为萌芽期、形成期和发展期三个阶段。

（一）农业的萌芽期：从采集到耕作的转变

在人类历史的长河中，农业的出现标志着一个崭新的时代的开启，不仅极大地改变了人类的生活方式，也为后续的社会、经济和文化发展奠定了坚实的基础。农业发展的萌芽期，是一段人类从依赖自然采集到主动耕作的转变历程，充满了探索、挑战与希望。

1. 采集狩猎的时代

在农业出现之前，人类主要依赖采集和狩猎来获取食物。这一时期的人类生活在一种与自然高度和谐共生的状态下，他们的食物来源广泛，包括野果、坚果、种子、昆虫、鱼类、小型哺乳动物等。然而，这种生活方式也面临着巨大的不确定性，食物来源的不稳定直接影响着人类的生存与发展。

2. 农业萌芽的曙光

随着人口的增长和对食物需求的增加，人类开始尝试对自然环境进行更为积极的改变。他们逐渐认识到，可以通过播种和培育某些植物来获得更多的果实，也可以通过驯化某些动物来为人类提供稳定的食物来源。这种从采集到耕作的转变，标志着农业发展进入萌芽期。

3. 耕作技术的初步探索

在农业发展的萌芽期，人类开始尝试使用简单的工具进行耕作，如木棍、石斧等。他们学会了选择适合耕种的土地，学会了通过翻土、松土等方式来改善土壤环境。同时，他们也开始尝试种植各种作物，如谷物、豆类、蔬菜等，并尝试驯化各种动物，如猪、羊、牛等。这些初步的探索和实践，为后续的农业发展奠定了坚实的基础。

4. 社会结构的变化

随着农业的发展，人类的社会结构也开始发生变化。人类开始形成固定的居住地点，并逐渐形成了村落和部落。这种社会结构的变化，不仅促进了人与人之间的交流和合作，也为后续的文化、科技和艺术的发展提供了条件。

5. 农业萌芽期的意义

农业发展的萌芽期虽然面临着诸多困难和挑战，但其意义却是深远的。首先，农业的发展为人类提供了更为稳定的食物来源，使人类能够摆脱对自然的过度依赖，从而有更多的时间和精力去探索和发展其他领域。其次，农业的发展促进了社会结构的变化，为人类社会的进一步发展奠定了基础。最后，农业的发展也标志着人类对自然的认识和利用进入了一个新的阶段，为后续的科学和技术的发展提供了可能。

农业发展的萌芽期是一个充满探索和挑战的时期。在这个时期，人类从依赖自然采集逐渐转变为主动耕作，开始了对自然更为积极的改变和利用。

（二）农业的形成期：从朴素到系统的农业知识体系

农业，作为人类社会最古老且至关重要的产业之一，其发展历程充满了无数的探索与创新。从最初的狩猎采集到农耕养殖，再到农业技术的不断创新和完善，每一步都见证了人类文明的进步。其中，农业发展的形成期是这一历程中尤为重要的一个阶段，它标志着人类从朴素的农业知识积累，逐渐形成了系统的农业知识体系。

1. 形成期的背景

在农业发展的形成期，人类社会已经逐渐从游牧生活过渡到定居生活，开始有了较为稳定的居住地和食物来源。同时，随着人口的增长和资源的有限性凸显，人们开始意识到种植和养殖的重要性，并逐渐积累了大量的农业知识。这些知识主要来源于人们对自然现象的观察、对动植物习性的了解以及对生产实践的总结。

2. 形成期的特点

（1）朴素的农业知识积累

在形成期，人们通过对自然现象的观察和动植物习性的了解，积累了大量的朴素农业知识。这些知识虽然不够系统，但为后来的农业发展奠定了坚实的基础。例如，人们发现作物生长与季节气候、土壤水分等因素密切相关，从而学会了选择适合种植的作物和种植时间；同时，人们也发现一些动物的物候习性，从而学会了驯养动物，为后来的畜牧业发展奠定了基础。

（2）农业技术的初步探索

人们在形成期开始尝试利用工具和技术来提高农业生产效率。例如，人们开始使用简单的农具进行耕作和收割，同时也开始尝试使用灌溉技术来保障作物的生长。通过对这些技术的初步探索，为后来的农业技术创新提供了重要的思路和方法。

（3）农业社会的初步形成

人类社会随着农业的发展逐渐形成了以农业为主的社会结构。在这一时期，人们开始组建农耕社区，并形成了初步的农业社会组织。这些组织不仅为农业生产提供了有力的支持，也为人类社会的进一步发展奠定了基础。

3. 形成期的意义

农业发展的形成期是人类社会发展的重要里程碑。在这一阶段，人们从朴素的农业知识积累中逐渐形成了系统的农业知识体系，为后来的农业发展奠定了坚实的基础。同时，农业技术的初步探索和农业社会的初步形成，也为人类社会的进一步发展提供了重要的支撑和保障。

（三）农业的发展期：农业发展的精确定量时代

自 20 世纪 50 年代以来，全球农业迎来了前所未有的发展期。这一时期的农业发展不仅实现了产量上的巨大飞跃，更重要的是，它吸收并融合了数学、物理、化学及工程技术等多个领域的研究成果，逐步向精确定量方向前进，并形成了独特的理论体系。

1. 数学在农业发展中的应用

数学在农业发展中的应用日益广泛，为农业生产提供了强大的技术支持。例如，通过建立数学模型，农民可以更准确地预测作物的生长周期、病虫害发生的概率等，从而做出更科学的决策。此外，数学还在农业资源分配、优化种植结构等方面发挥了重要作用，提高了农业生产的效率和可持续性。

2. 物理学在农业发展中的作用

物理学在农业发展中的贡献不容忽视。通过应用物理学的原理和方法，人们可以研究土壤的物理性质、作物的生长机制等，为农业生产提供更为精确的数据支持。此外，物理学还在农业机械的设计、制造和应用方面发挥了重要作用，推动了农业机械化的进程。

3. 化学对农业发展的推动

化学在农业发展中的推动作用同样显著。通过应用化学知识，人们可以研究土壤中的营养元素、作物的营养需求等，为科学施肥提供理论依据。同时，化学农药和化肥的广泛应用也极大地提高了农作物的产量和品质。然而，随着人们对环保和食品安全问题的日益关注，如何科学合理地使用化学农药和化肥已成为当前农业发展中亟待解决的问题。

4. 工程技术在农业中的应用

工程技术在农业发展中的应用主要体现在农业机械化、信息化、智能化等方面。通过

应用先进的工程技术，人们可以设计出更加高效、便捷的农业机械装备，实现农业生产过程的自动化和智能化。此外，信息技术的发展也为农业生产提供了更加丰富的数据资源和信息支持，使得农业生产更加精准、高效。

5. 农业精确定量理论体系的形成

在上述多个学科领域的共同推动下，农业逐步形成了精确定量的理论体系。这一理论体系以数学、物理学、化学、工程技术为基础，通过综合运用各种技术手段和方法，对农业生产过程中的各个环节进行精确控制和管理。这一理论体系的形成不仅极大地提高了农业生产的效率和品质，还为农业的可持续发展提供了强有力的保障。

三、农业现代化：引领农业发展的新篇章

随着科技的飞速发展和社会的不断进步，农业现代化已成为全球农业发展的重要趋势。农业现代化不仅意味着农业生产力的提升，更代表着农业生产方式、管理手段和技术应用的全面革新。下面从农业现代化的定义及其多个维度，探讨农业现代化对农业发展的深远影响。

（一）农业现代化的定义

农业现代化，简言之，是指通过现代科技、管理手段及生产方式，对传统农业进行全面改造和升级，实现农业生产效率、经济效益和生态效益的显著提升。这一过程涵盖了农业生产的各个环节，包括劳动力、生产手段、生产技术、生产管理和生产过程等。

（二）农业现代化的维度

1. 农业劳动力现代化

农业劳动力现代化是农业现代化的重要组成部分，它涉及农业劳动力的素质提升、结构优化以及管理方式的创新。

（1）素质提升

随着现代农业技术的广泛应用，社会对农业劳动力的素质要求也越来越高。加强农业劳动力的教育和培训，提高他们的科技文化素质和专业技能水平，成为农业劳动力现代化的重要任务。通过举办培训班、开展远程教育等方式，让农业劳动力掌握先进的农业技术和管理知识，提高他们的综合素质和创新能力。

（2）结构优化

农业劳动力结构的优化是农业现代化的必然要求。一方面，要鼓励农村青年劳动力返乡创业，通过政策扶持和资金引导，吸引他们回到农村从事农业生产和经营。另一方面，要加强农业劳动力的转移就业，通过发展农产品加工业、农村旅游等产业，拓宽农业劳动力的就业渠道，提高他们的收入水平。

（3）管理方式创新

农业劳动力管理方式的创新是农业现代化的重要保障。要建立健全农业劳动力服务体

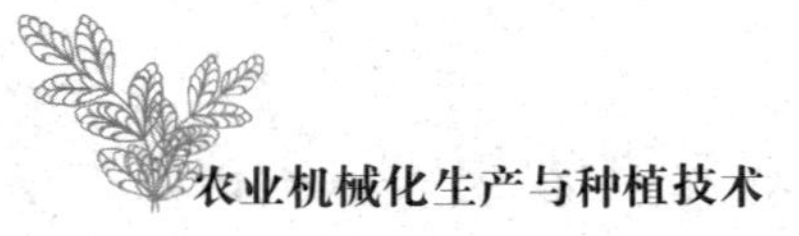

系，为农业劳动力提供全方位的服务和支持。同时，要加强农业劳动力的组织化程度，通过发展农民专业合作社、农业社会化服务组织等形式，提高农业劳动力的组织化程度和协作能力。

2. 农业生产手段现代化

农业生产手段的现代化是农业现代化的重要标志。现代化的农业生产手段包括先进的农业机械设备、智能化的农业设施和高效的农业投入品等。这些现代化的生产手段能够显著提高农业生产的自动化、智能化和精准化水平，提高农产品质量。

农业生产手段现代化是农业现代化的物质基础，它涉及农业生产工具、生产技术和生产方式的革新。

（1）生产工具革新

随着现代科技的不断进步，农业生产工具也在不断革新。要加大对农业机械化的投入力度，提高农业机械的普及率和使用效率。同时，要加强农业机械的研发和创新，推广使用智能化、自动化的农业机械设备，降低劳动强度。

（2）生产方式创新

生产方式创新是农业生产手段现代化的重要体现。要推进农业产业化经营和规模化种植，通过发展订单农业、农业合作社等形式，实现农业生产的专业化、标准化和规模化。同时，要加强农业信息化建设，利用互联网、大数据等现代信息技术手段，提高农业生产的智能化水平和信息化水平。

3. 农业生产技术现代化

农业生产技术的现代化是农业现代化的基础。农业生产技术随着科技的不断进步迎来了革命性的变化。从传统的耕作方式到现代化的机械作业，从单一的种植模式到精准农业的实施，农业生产技术的现代化大大提高了农业生产的效率和质量。

（1）农业机械化的普及

农业机械化的普及是农业生产技术现代化的重要标志。现代化的农业机械能够替代人力完成繁重的农活，减轻农民的劳动强度，提高作业效率。同时，农业机械还能够实现精准播种、施肥、收割等作业。

（2）精准农业的实施

精准农业的实施是农业生产技术现代化的又一重要体现。精准农业通过运用现代信息技术，对农作物生长环境进行实时监测和数据分析，为农业生产提供科学决策支持。这种技术能够实现对农作物的精准管理，减少化肥和农药的使用量。

4. 农业生产管理现代化

农业生产管理的现代化是农业现代化的另一重要维度。随着市场经济的发展，农业生产管理面临着越来越大的挑战。实现农业生产管理的现代化，有助于提升农业生产的组织化、规模化和市场化程度，推动农业产业的转型升级。

（1）农业生产的组织化

农业生产的组织化是农业生产管理现代化的基础。通过发展农业合作组织、农业企业等新型农业经营主体，可以将分散的农户组织起来，形成规模化的生产模式。这种模式有助于降低生产成本、提高生产效率、增强市场竞争力。

（2）农业生产的规模化

农业生产的规模化是农业生产管理现代化的重要手段。规模化生产可以实现资源的优化配置和合理利用，提高农业生产的经济效益和社会效益。同时，规模化生产还能够推动农业产业的升级和转型，促进农村经济的多元化发展。

（3）农业生产的市场化

农业生产的市场化是农业生产管理现代化的重要目标。市场化生产可以使农业生产更加贴近市场需求，满足消费者需求，提高农产品的附加值。通过加强市场信息收集和分析、优化农产品结构、拓展销售渠道等方式，可以实现农业生产与市场的有效对接。

总之，农业现代化是一个涉及多个方面的系统工程。在推进农业现代化的过程中，需要注重农业生产技术和农业生产管理的双重维度。通过不断提高农业生产技术的现代化水平和农业生产管理的现代化水平，可以推动农业产业的转型升级、实现农村经济的繁荣和农民生活的富裕。

5. 农业生产过程现代化

随着全球气候变化和资源紧张问题的日益严峻，农业生产过程的现代化不再仅仅是提高产量这一单一目标，而是更多地关注绿色、循环、低碳的发展理念。这样的转变不仅是对环境的尊重和保护，也是实现农业可持续发展的重要途径。

（1）绿色化：生态农业的崛起

绿色化是农业生产现代化的重要标志。它要求我们在农业生产过程中，尽可能减少对环境的负面影响，实现农业生产与生态环境的和谐共生。这包括推广使用生物农药、有机肥料，减少对化肥和农药的依赖；采用节水灌溉技术，降低水资源消耗；以及推广农作物轮作、间作等种植模式，保持土壤肥力，提高生态系统的稳定性。

绿色化的农业生产不仅能够减少农业对环境的污染，还能够提高农产品的品质和安全性。消费者对于绿色食品的需求日益增长，这也为绿色农业生产提供了广阔的市场空间。

（2）循环化：资源的高效利用

循环化是农业生产现代化的又一重要方向。它强调在农业生产过程中，实现资源的高效利用和循环利用，减少资源的浪费和损失。这包括将农作物秸秆、畜禽粪便等废弃物转化为有机肥料，实现废弃物的资源化利用；利用生物技术和信息技术，实现农业生产过程中的能量转化和物质循环；以及推广“种养结合”等生态农业模式，实现农业生产与生态

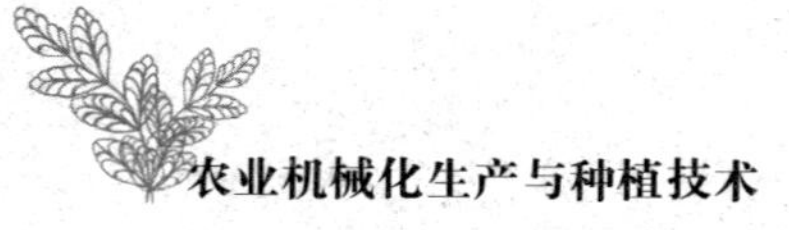

环境的良性互动。

循环化的农业生产不仅能够提高资源利用效率，还能够减少农业生产对环境造成的压力。

（3）低碳化：降低碳排放

低碳化是农业生产现代化的重要目标之一。低碳化要求我们在农业生产过程中尽可能减少温室气体的排放，降低碳足迹。这包括推广使用低碳农业技术和装备，如太阳能灌溉系统、生物质能发电等；优化农业种植结构，种植低碳作物；以及加强农业碳汇建设，通过植树造林、恢复湿地等方式增加碳汇量。

低碳化的农业生产不仅能够减少温室气体排放，缓解全球气候变化问题，还能够提高农业生产的生态效益和经济效益。同时，低碳农业的发展也能够推动相关产业的发展和创新，形成新的经济增长点。

农业现代化是推动农业发展的重要动力。通过加强农业劳动力的现代化培训、推广现代化的农业生产手段和技术、实施现代化的农业生产管理和过程控制等措施，可以显著提升农业生产的效率和质量，推动农业向更高层次发展。

（三）农业现代化的特征

随着科技的飞速发展和全球化的深入，农业现代化已成为推动农业持续、高效、绿色发展的必经之路。农业现代化不仅是一个简单的技术升级过程，更是一个涉及农业生产方式、管理模式以及农村经济社会结构全面变革的复杂过程。

1. 农业机械化是农业现代化的基础

农业机械化是指利用先进的农业机械和设备来替代传统的人力、畜力进行农业生产的过程。它是农业现代化的基础，为农业生产提供了强大的物质支撑和技术保障。

（1）农业机械化显著提高了农业生产的效率

通过机械化作业，农民能够在较短时间内完成大量农业生产任务，降低了劳动强度和生产成本，提高了农业生产的整体效益。

（2）农业机械化改善了农业生产条件

现代化的农业机械能够适应各种复杂的自然环境，对土壤、水源等农业生产要素进行科学利用和保护，减少了农业生产对自然环境的破坏，促进了农业可持续发展。

（3）农业机械化推动了农业生产的规模化、集约化

随着农业机械化的普及，农业生产逐渐实现了规模化、集约化经营，提高了农业生产的专业化水平和市场竞争力。

2. 生产技术科学化是农业现代化的动力源泉

生产技术科学化是指将现代科学技术应用于农业生产过程中，通过科技创新和技术进

步来推动农业生产的升级和转型。它是农业现代化的动力源泉，为农业生产提供了不竭的创新动力和发展空间。

（1）生产技术科学化推动了农业生产方式的变革

通过引入先进的生物技术、信息技术等现代科技手段，农业生产逐渐实现了精准化、智能化管理，提高了农业生产的科技含量和附加值。

（2）生产技术科学化促进了农业产业链的延伸和拓展

现代科技手段的应用不仅提高了农业生产的效率和质量，还促进了农产品加工、储运、销售等产业链的延伸和拓展，增加了农业的综合效益和市场竞争力。

（3）生产技术科学化推动了农业与其他产业的融合发展

随着现代科技的不断进步和应用，农业与工业、服务业等其他产业的联系日益紧密，形成了农业 + 旅游、农业 + 电商等新兴产业模式。

3. 农业产业化是农业现代化的核心内容

农业产业化通过将农业生产的各个环节进行有机整合，从而实现农业资源的优化配置和高效利用。农业产业化的特点主要体现在以下几个方面。

（1）规模化经营

通过土地流转和集中，实现农业生产的规模化经营。

（2）专业化分工

在产业链的不同环节，实现专业化的分工和协作。

（3）市场化运作

农业产业化以市场为导向，根据市场需求调整生产结构和产品供给，增强农业的市场竞争力。

农业产业化的推进，不仅促进了农业生产力的提高，还带动了农村经济的发展和农民收入的增加。同时，它还有助于实现农业与工业、服务业的深度融合，推动农村第一产业、第二产业、第三产业的融合发展。

4. 农业信息化是农业现代化的重要技术手段

农业信息化利用现代信息技术对农业生产、经营、管理、服务进行全方位改造，实现农业生产的智能化、精准化和高效化。农业信息化的特点主要体现在以下几个方面。

（1）智能化决策

通过收集和分析大量的农业数据，利用人工智能、大数据等技术进行智能化决策，为农业生产提供科学指导。

（2）精准化管理

利用物联网、遥感等技术对农业生产环境进行实时监测和精准控制，实现农业生产的精准化管理。

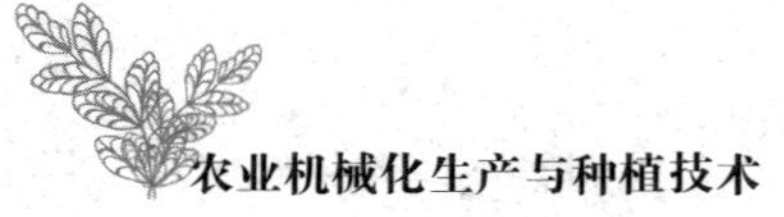

（3）高效化服务

通过电子商务、互联网等渠道，为农民提供便捷、高效的农业服务，促进农产品的流通和销售。

农业信息化的推进，不仅提高了农业生产的科技含量和附加值，还增强了农业的抗风险能力和市场竞争力。同时，它还有助于促进城乡信息的互联互通，推动城乡一体化发展。

5. 劳动者素质的提高是实现农业现代化的决定因素

劳动者是农业生产的主体，他们的素质高低直接决定了农业生产的效率和质量。在农业现代化的进程中，劳动者素质的提高显得尤为重要。

（1）现代农业对劳动者的科技素质要求越来越高

随着农业科技的不断进步，新品种、新技术、新装备层出不穷。只有掌握了这些新知识、新技能，劳动者才能适应现代农业的发展需要，提高农业生产的科技含量和附加值。

（2）现代农业对劳动者的经营管理能力提出了更高要求

现代农业不仅是简单的种植和养殖，更涉及市场分析、品牌建设、物流配送等多个环节。劳动者需要具备敏锐的市场洞察力、科学的决策能力和有效的组织协调能力，才能确保农业生产的顺利进行和市场竞争的优势。

因此，提高劳动者素质是实现农业现代化的决定因素。我们需要通过加强教育培训、优化人才结构、完善激励机制等多种方式，不断提高劳动者的科技素质和经营管理能力，为农业现代化提供有力的人才保障。

6. 农业发展可持续化是农业现代化的必由之路

农业可持续发展是指农业在满足当代人需求的同时，不损害后代人满足其需求的能力。我们在农业现代化的进程中必须坚持可持续发展的理念，走农业可持续发展的道路。

（1）农业可持续发展有利于保护生态环境

农业是生态系统的重要组成部分，不合理的农业生产方式会对生态环境造成破坏。通过推广生态农业、循环农业等可持续农业模式，可以减少化肥、农药的使用量，降低农业面源污染，保护生态环境和生物多样性。

（2）农业可持续发展有利于提高资源利用效率

我国农业资源相对匮乏，水资源短缺、耕地减少等问题日益突出。通过推广节水灌溉、精准施肥、智能养殖等现代农业技术，可以提高资源的利用效率，减少浪费和损失。

（3）农业可持续发展有利于增加农民收入

农民收入是农业发展的根本动力。通过发展特色农业、品牌农业等现代农业产业，可以拓宽农民的收入渠道，增加农民的收入来源，提高农民的生活水平。

因此，农业发展可持续化是农业现代化的必由之路。我们需要坚持保护生态环境、优先绿色发展的理念，推广可持续农业模式和技术，加强农业生态环境保护和资源利用管理，

促进农业与生态环境协调发展。同时，我们还需要加强政策扶持和资金投入，为农业可持续发展提供有力的保障。

第二节　农业对人类社会和经济的贡献

自古以来，农业一直是人类社会与经济发展的核心驱动力。它不仅为人类提供了生存所必需的食物，更在文化的形成、社会的演变以及经济的增长中发挥着不可替代的作用。

一、农业对人类社会的贡献

（一）食物供应的保障

农业一直是人类社会发展的基石，它不仅为人类提供了基本的食物来源，还确保了食物的安全，为人类的生存和繁衍提供了坚实的保障。

1. 提供基本的食物来源

农业是人类获取食物的主要途径。通过种植粮食作物、蔬菜、水果等，人类得以获得丰富的营养来源。无论是稻谷、小麦、玉米等主食，还是大豆、花生等油料作物，以及各类蔬菜和水果，都是农业生产的直接产物。这些农产品经过加工和烹饪，成为人们餐桌上不可或缺的食物。

随着人口的增长和经济的发展，对食物的需求也在不断增加。然而，正是农业的发展，使得人们能够生产出足够的食物来满足这些需求。从传统的耕作方式到现代的农业科技，农业生产技术的不断进步，不仅提高了粮食产量，还丰富了人们的饮食。

2. 保障食物的安全

除了提供基本的食物来源外，农业还承担着保障食物安全的重要责任。经过严格的质量监管和科学的种植技术，人们通过农业生产可以确保食品的安全和卫生。

（1）农业生产过程中的质量监管至关重要

从种子的选择、种植环境的控制，到收获后的加工和储存，每一个环节都需要进行严格的质量把控。只有这样，才能确保农产品符合食品安全标准，避免有害物质和污染物的残留。

（2）科学的种植技术是保障食物安全的重要手段

现代农业技术如精准农业、生物技术、信息化技术等的应用，使得农业生产更加高效、环保和安全。这些技术不仅可以提高农产品的产量和质量，还可以减少化肥、农药等化学物质的使用，降低对环境的污染和破坏。

（二）文化与社会的形成

农业，作为人类历史上最古老且至关重要的产业之一，不仅仅为人类的生存提供了物

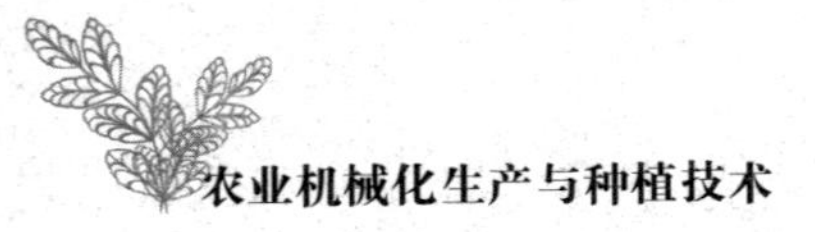

质基础，更在文化与社会形成中扮演了不可或缺的角色。从农耕文明的崛起，到现代社会的多元发展，农业始终是推动人类进步的重要力量。

1. 农业与文化的关系

（1）农业活动本身就是一种文化现象

从选种、播种、灌溉到收获，农业的每一个环节都蕴含着丰富的文化知识和实践经验。这些知识和经验通过人们世代相传，形成了独特的农耕文化。例如，中国的农历就是根据农业生产周期制定的，其中蕴含了丰富的天文、地理和气候知识。同时，各种与农业相关的节日和习俗，如春节、中秋节、端午节等，也成为中国文化的重要组成部分。

（2）农业的发展促进了文化的交流与融合

随着农作物的传播和农耕技术的交流，不同地区、不同民族之间的文化得以相互借鉴和融合。这种交流不仅丰富了人类的文化遗产，也促进了社会的进步和发展。

2. 农业与社会的关系

（1）农业改变了人类的生活方式

农业的出现使得人类从游牧的生活方式转变为定居的生活方式。这种转变使得人们能够在一个相对固定的区域内进行生产和生活，从而促进了人口的增长和城市的形成。

（2）农业促进了社会分工和专业化

随着农业生产的规模化和复杂化，人们需要从事不同的农业生产活动，如种植、养殖、加工等。这种分工促进了社会经济的繁荣和发展。

（3）农业是社会稳定和发展的重要基石

农业生产为人类提供了基本的粮食和物资保障，使人们能够安居乐业。在农业社会，土地和农业资源是社会的核心财富，掌握这些资源的人往往拥有更高的社会地位和权力。这种权力结构在一定程度上维护了社会的稳定和秩序。

3. 现代农业与社会的未来发展

随着科技的发展和全球化的推进，现代农业正面临着前所未有的机遇和挑战。一方面，现代农业通过科技手段提高了生产效率和产量，为人类提供了更加丰富和优质的农产品。另一方面，全球化使得农业生产面临更加激烈的竞争和挑战，需要不断提高自身的竞争力和适应能力。

在未来社会的发展中，农业将继续发挥重要作用。随着人们对健康和环保的关注度不断提高，绿色、有机、生态等农业模式将得到更加广泛的应用和推广。同时，随着科技的进步和创新，农业生产将更加智能化、自动化和可持续化，为人类提供更加美好的未来。

农业在文化与社会形成中扮演着核心角色。它不仅为人类提供了生存和发展的物质基础，更在文化交流和社会进步中发挥了重要作用。

（三）生态环境的维护

农业，作为人类文明的基石，自古以来就与生态环境紧密联系。随着工业化进程的加速，人类对自然环境的干预日益增强，而农业在生态环境保护中所扮演的角色的重要性也日益凸显。以下就农业对生态环境保护的作用，以及如何在现代农业发展中实现与生态环境的和谐共生进行探讨。

1. 农业对生态环境的积极影响

（1）生物多样性的维护

农业多样性是生物多样性的重要组成部分。农田中的作物、家禽家畜以及微生物等，共同构成了复杂的生态系统。这些生态系统不仅为农业生产提供了重要的生态服务，如土壤保持、水源涵养、气候调节等，还维护了生物多样性，为其他物种提供了生存空间。

（2）土壤的保护与改善

农业活动对土壤的影响最为直接。合理的耕作、轮作、施肥等措施，能够改善土壤结构，保持土壤生产力。同时，农业还能够通过植被覆盖、减少水土流失等方式，保护土壤资源，防止土地退化。

（3）水资源的保护与利用

水是农业生产的命脉。通过科学的灌溉、排水等措施，农业能够实现水资源的合理利用，减少水资源浪费。同时，农业还能够通过植被覆盖、湿地保护等方式，改善水环境，维持水生态平衡。

2. 现代农业与生态环境的和谐共生

（1）绿色农业的发展

绿色农业是以保护生态环境为前提，以生产安全、优质、高效的农产品为目标的新型农业模式。通过推广绿色农业技术，如有机农业、生态农业等，可以减少农药、化肥的使用，降低农业污染。

（2）循环农业的实践

循环农业是一种将农业废弃物资源化利用，实现农业生态系统内部物质循环的农业模式。通过发展循环农业，可以将畜禽粪便、农作物秸秆等废弃物转化为有机肥料、生物能源等，实现资源的循环利用，减少环境污染。

（3）智慧农业的应用

智慧农业是运用现代信息技术、物联网技术等手段，对农业生产进行智能化管理的新型农业模式。通过智慧农业的应用，可以实现对农业生产的精准管理，减少资源浪费和环境污染。

农业与生态环境的关系密不可分。农业活动不仅为人类提供了丰富的物质财富，还对生态环境的保护与改善起到了重要作用。在现代农业发展中，我们应该积极推广绿色农业、循环农业和智慧农业等新型农业模式，实现农业与生态环境的和谐共生。

（四）社会稳定的基石

农业，作为人类最早的生产活动之一，自古以来就是国家繁荣和社会稳定的基石。它不仅是人类食物和衣物的主要来源，更在经济发展、文化传承和环境保护等方面发挥着不可替代的作用。在当今社会，农业依然对社会稳定发挥着至关重要的作用。

1. 粮食安全与社会稳定

粮食是国民经济的基础，是国家安全的命脉。一个拥有稳定农业生产的国家，能够有效保障人民的基本生活需求，减少因食物短缺而引发的社会动荡。通过加强农业生产，提高粮食自给率，可以保障国家粮食安全，降低对外部粮食供应的依赖，增强国家的自主性和抗风险能力。

2. 就业与农民收入

农业是劳动密集型产业，为大量农村人口提供了就业机会。通过发展现代农业，可以创造更多的就业机会，增加农民收入，改善农村生活条件。同时，农业的发展还能够带动相关产业的发展，如农产品加工、农业机械制造等，可进一步促进就业和经济增长。

3. 文化传承与乡村振兴

农业不仅是物质生产的基地，也是文化传承的载体。乡村文化、农耕文化等是中华民族的重要文化遗产，对于维护社会稳定、促进民族团结具有重要意义。通过发展农业，可以保护和传承这些文化遗产，增强人们的文化自信。同时，乡村振兴也是实现全面建成小康社会的重要任务之一，通过加强农村基础设施建设、提高农民生活水平等措施，可以缩小城乡差距，促进社会和谐稳定。

4. 环境保护与可持续发展

农业生产与自然环境密切相关，通过科学合理的农业生产方式，可以实现环境保护与可持续发展的双赢。例如，推广生态农业、有机农业等绿色生产方式，可以降低对环境的污染；同时，通过农业废弃物的资源化利用，可以实现废弃物的减量化、无害化和资源化。

农业在促进社会稳定方面发挥着不可替代的作用。我们应该充分认识到农业的重要性，加强农业基础设施建设，提高农业生产效率和质量；同时，注重农业与其他产业的融合发展，促进农业产业的升级和转型。

二、农业对人类经济的贡献

（一）经济增长的引擎

在全球化日益加深、科技日新月异的今天，农业作为人类社会的基石，不仅保障了人们的基本生活需求，更成为推动经济增长的稳固引擎。从古代社会的刀耕火种，到现代的高科技农业，农业始终扮演着至关重要的角色，为经济增长提供源源不断的动力。

1. 农业的基础性作用

农业是国民经济的基础，为人类提供了最基本的生存物资——食物。无论科技如何进步，人类对食物的需求始终不会减少。农业的稳定发展，不仅保障了人们的粮食安全，也为其他产业的发展提供了必要的物质基础。同时，农业还是许多发展中国家的重要经济来源，为农民提供了就业机会和收入来源。

2. 农业与经济增长的紧密联系

农业与经济增长之间存在着紧密的联系。一方面，农业的发展促进了农村经济的繁荣，提高了农民的生活水平，从而推动了整个社会的经济发展。另一方面，农业的发展也带动了相关产业的发展，如农业机械、农药、化肥等，形成了一个庞大的产业链。这个产业链的发展，不仅增加了就业机会，也促进了技术的创新和进步。

3. 现代农业成为经济增长的新动力

随着科技的进步和全球化的推进，现代农业已成为经济增长的新动力。通过引入现代科技手段，如生物技术、信息技术等，农业的生产效率得到了极大的提高，农产品的质量和产量也得到了显著提升。同时，现代农业还推动了农村经济的多元化发展，如乡村旅游、农产品深加工等，为经济增长提供了新的增长点。

4. 农业可持续发展的重要性

然而，我们也要看到，随着人口的增长和资源的日益紧张，农业面临着前所未有的挑战。为了实现农业的可持续发展，我们必须加强农业科技创新。

农业作为经济增长的稳固引擎，不仅为人们提供了基本的生活物资，也为经济的发展提供了源源不断的动力。在新的历史条件下，我们要充分认识农业的重要性，加强农业科技创新，推动农业的可持续发展，为经济增长贡献更大的力量。

（二）贸易与交流的推动

在全球化的今天，农业不仅是各国经济的重要组成部分，更是国际贸易与经济交流的重要推动力量。农业的发展不仅关系到一个国家的粮食安全和经济发展，更对全球贸易格局和经济交流产生深远影响。

1. 农业对国际贸易的推动作用

（1）农产品贸易的增长

随着全球人口的增长和经济的发展，对农产品的需求不断增加。各国之间的农产品贸易日益频繁，不仅满足了人们对多样化食品的需求，也促进了国际贸易的发展。农产品贸易的增长不仅为各国带来了经济利益，也加强了国家之间的经济联系。

（2）农业技术的交流与传播

在国际贸易中，农业技术的交流与传播是不可或缺的一部分。各国通过引进先进的农业技术，提高了农业生产效率，增加了农产品的产量和质量。同时，农业技术的传播也促进了国与国之间的技术合作与交流，推动了全球农业的发展。

2. 农业对经济交流的推动作用

（1）农业投资与合作

随着全球化的深入发展，农业投资与合作已成为推动经济交流的重要力量。各国之间的农业投资不仅促进了资本、技术、人才的流动，也带动了农业产业链上下游的共同发展。通过引进外资和技术，许多发展中国家得以改善农业生产条件，提高农产品质量和产量，从而增强其在国际市场上的竞争力。同时，农业合作也促进了各国之间的经济互补和互利共赢，为全球经济的持续增长注入了新的活力。

（2）农业政策与标准的对接

农业政策与标准的对接是推动经济交流的重要保障。在全球化的背景下，各国之间的农业政策与标准存在差异，这在一定程度上阻碍了农产品的国际贸易。加强农业政策与标准的对接，推动国际农产品贸易的便利化和自由化，对于促进全球经济交流具有重要意义。各国政府应加强沟通与合作，共同制定符合国际规则的农业政策和标准，为农产品的国际贸易创造更加公平、透明的环境。

（3）农业文化的交流与融合

农业文化的交流与融合是推动经济交流的重要软实力。农业不仅是经济活动，更是承载着丰富文化内涵的社会活动。不同国家和地区的农业文化各具特色，这些文化的交流与融合不仅有助于增进各国人民之间的友谊和了解，也有助于推动经济交流的深入发展。通过举办农业文化交流活动、推广农业文化遗产等方式，可以促进各国之间的文化交流和互鉴，为经济交流注入更多的动力。

（三）产业链延伸

随着全球经济的飞速发展，传统的农业生产方式已难以满足日益增长的多元化需求。在这一背景下，农业产业链的延伸显得尤为重要。它不仅能够提升农产品的附加值，还能够促进农村经济的持续发展，甚至对整个国民经济产生深远的影响。

1. 农业产业链延伸的内涵

农业产业链延伸，是指在原有的农业生产基础上，通过技术创新、品牌建设、市场拓展等手段，将农业生产与加工、销售、服务等环节紧密相连，形成一个完整的产业链条。这一过程不仅涉及农产品的种植、养殖、加工等生产环节，还包括了农产品的流通、销售、品牌建设以及相关的服务支持。

2. 农业对产业链延伸的促进作用

（1）提升农产品附加值

农业产业链的延伸，使得农产品不再仅是简单的原材料，而是通过加工、包装、品牌化等手段，增加了其附加值。这不仅提高了农产品的市场竞争力，也为农民带来了更高的经济收益。

（2）带动农村经济发展

随着农业产业链的延伸，农业生产与加工、销售等环节的联系日益紧密，形成了一个完整的产业链。这不仅促进了农村产业的集聚，还带动了农村经济的持续发展。同时，产业链的延伸还创造了更多的就业机会，为农民提供了更多的增收渠道。

（3）促进技术创新和品牌建设

农业产业链的延伸要求农业生产者不断提高技术水平，以满足市场需求。在这一过程中，技术创新成为关键。同时，随着农产品品牌化程度的提高，品牌建设也成为产业链延伸的重要环节。这不仅提升了农产品的市场竞争力，还为消费者提供了更多优质、安全、健康的农产品。

（4）拓展农业市场空间

农业产业链的延伸使得农产品能够进入更广阔的市场空间。通过加工、包装等手段，农产品可以突破地域限制，进入全国乃至全球市场。这不仅拓宽了农产品的销售渠道，也提高了农产品的市场占有率。

农业对产业链延伸具有关键作用。通过延伸产业链，不仅可以提升农产品的附加值和市场竞争力，还可以带动农村经济的发展，促进技术创新和品牌建设，拓展农业市场空间。我们应该高度重视农业产业链的延伸，通过政策扶持、科技创新等手段，推动农业产业链的深度融合和发展。

第三节　农业现代化的必要性与价值

随着科技的飞速发展和全球经济的深度融合，农业现代化已成为推动国家经济发展、保障粮食安全、促进农村振兴的必由之路。农业现代化不仅意味着农业生产方式的转型升级，更代表着农业产业链的全面优化和农业生态系统的可持续发展。

一、农业现代化的必要性

（一）应对人口增长与资源约束

随着全球人口的不断增长，对食物、纤维和其他农业产品的需求也在迅速增加。同时，人们面临着资源有限性、气候变化和环境退化的多重挑战。农业现代化在这样的背景下变得至关重要，它不仅是提高农业生产效率和产量的关键，也是应对人口增长与资源约束的必要途径。

1. 人口增长带来的挑战

人口增长意味着对农业产品需求的持续增加。传统的农业生产方式往往效率低下，无法满足快速增长的人口需求。此外，人口增长还伴随着城市化和工业化进程，这进一步加剧了土地、水资源和劳动力的紧张状况。实现农业现代化，通过科技创新和管理改革提高农业生产效率，是满足人口增长带来的食物需求的关键。

2. 资源约束的限制

农业生产受到土地、水资源、肥料和农药等多种资源的限制。随着资源的日益减少和成本的上升，传统农业生产方式面临着巨大的压力。农业现代化可以通过推广节水灌溉、精准施肥和生物防治等技术，降低农业生产对资源的依赖程度，实现可持续发展。同时，农业现代化还可以推动农业废弃物资源化利用和生态农业的发展，减少环境污染和生态破坏。

3. 农业现代化的应对策略

随着全球人口的不断增长和资源的日益紧张，农业现代化成为解决粮食安全、促进农村经济发展以及应对资源约束的关键途径。在这个过程中，科技创新、管理创新以及绿色发展成为不可或缺的三大支柱。

（1）科技创新：引领农业现代化

科技创新是农业现代化的核心驱动力。在应对人口增长与资源约束的挑战时，科技创新能够显著提升农业生产效率，减少对资源的依赖。首先，通过基因编辑技术、智能农业装备等现代生物技术和信息技术的应用，可以培育出高产、抗病、抗虫、抗旱等优良品种，提高农作物的单产和品质。其次，精准农业技术如遥感监测、地理信息系统等，能够实现对农田环境的实时监测和数据分析，为科学种植和精准管理提供决策支持。此外，智能农机具、物联网等技术的应用，能够实现农业生产的自动化和智能化，提高劳动生产率。

（2）管理创新：优化资源配置

管理创新是农业现代化的重要保障。在资源约束日益严峻的背景下，通过管理创新优化资源配置，可以实现农业生产的高效化和可持续化。首先，建立健全农业社会化服务体系，提供全方位的农业技术服务、市场信息服务和金融服务，帮助农民解决生产中的技术难题和市场风险。其次，推动农业产业化和规模化经营，通过土地流转、农民专业合作社等方式，实现土地、资金、技术等生产要素的优化配置。此外，加强农业人才培养和引进，提高农业管理者的素质和能力，为农业现代化的深入推进提供人才保障。

（3）绿色发展：保障农业可持续发展

绿色发展是农业现代化的必然趋势。在应对人口增长与资源约束的挑战时，绿色发展能够保障农业生产的生态安全和食品安全。首先，推广绿色生产技术和模式，如生态农业、循环农业等，减少化肥、农药等化学投入品的使用，降低农业生产对环境的污染。其次，加强农业废弃物资源化利用和农业面源污染治理，实现农业生产的减量化、资源化和无害化。此外，加强农产品质量安全监管和追溯体系建设，保障农产品从田间到餐桌的全程安全。

（二）提升农产品质量与安全

随着社会的快速发展和人民生活水平的不断提高，对农产品质量与安全的要求也日益严格。农业现代化在这样的背景下成为推动农业可持续发展的重要途径，其必要性不仅体现在提高农业生产效率上，更在于提升农产品的质量与安全水平。

1. 农业现代化是提升农产品质量的必然选择

农业现代化通过引入先进的农业技术和管理模式，实现了农业生产方式的根本性变革。这种变革使得农业生产更加科学、规范，从而有效提升了农产品的质量。例如，精准农业技术的应用，可以根据土壤、气候等条件，为作物提供精准的营养供给和病虫害防治，提高农产品的品质和产量。

同时，农业现代化还推动了农业产业链的整合和优化。通过建设现代农业产业园区，将农业生产、加工、销售等环节紧密连接起来，实现了农产品从田间到餐桌的全链条可追溯管理。这不仅提高了农产品的附加值，也确保了农产品的质量安全。

2. 农业现代化是保障农产品安全的重要手段

农产品安全直接关系到人民群众的身体健康和生命安全。农业现代化通过推广绿色、有机、无公害等农业生产方式，有效降低了农产品中的农药、重金属等有害物质残留，提高了农产品的安全性。同时，农业现代化还加强了农产品质量安全监管体系的建设，建立了从源头到餐桌的全程质量安全监控机制，确保了农产品的质量安全。

此外，农业现代化还推动了农业科技创新和人才培养。通过引进和培育先进的农业科技成果和人才，为农业生产提供了强有力的技术支撑和人才保障。这不仅提高了农业生产的科技含量和智能化水平，也提升了农产品的质量和安全水平。

农业现代化对于提升农产品质量与安全具有至关重要的作用。通过推动农业现代化进程，可以实现农业生产方式的根本性变革和农业产业链的整合优化，提高农产品的品质和产量；同时，可加强农产品质量安全监管体系的建设，推动科技创新与人才培养，确保农产品的质量安全。因此，应该积极推动农业现代化进程，为人民群众提供更加优质、安全的农产品。

（三）促进农村经济发展与农民增收

在当今快速发展的时代，农业现代化不仅是国家经济发展的重要支柱，更是推动农村经济发展和农民增收的关键因素。随着科技的不断进步和市场的日益开放，农业现代化已经成为提升农业生产效率、改善农村生活条件和增加农民收入的必由之路。

1. 农业现代化是提升农业生产效率的关键

农业现代化通过引入先进的农业技术和装备，使农业生产过程更加科学化、规模化、标准化。这种转变不仅可以大幅度提高农作物的产量和品质，还能够降低生产成本，提高

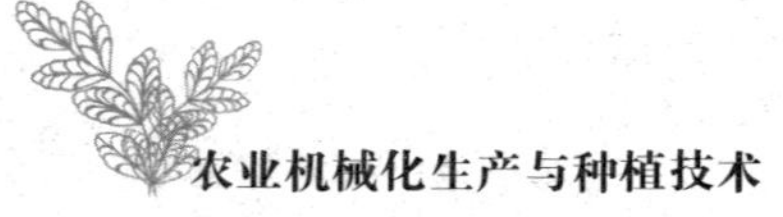

农业生产的经济效益。同时，现代农业技术的应用还能够减少农业生产对环境的污染，实现农业的可持续发展。

2. 农业现代化有助于改善农村生活条件

随着农业现代化的推进，农村基础设施将得到显著改善。农村道路、水利设施、电力通信等基础设施的完善，将极大地提高农民的生活质量和生产效率。此外，农业现代化还能够促进农村产业结构的优化升级，发展农村旅游业、农产品加工业等新兴产业，为农民提供更多的就业机会和收入来源。

3. 农业现代化是增加农民收入的重要途径

农业现代化不仅可以提高农业生产的效率和质量，还能够通过延长产业链、提高农产品附加值等方式，增加农民的收入。例如，通过发展农产品加工业，可以将农产品加工成高附加值的食品或工业原料，从而提高农民的收入水平。同时，农业现代化还能够促进农村电商的发展，拓宽农产品的销售渠道，帮助农民实现产销对接，进一步提高农民收入。

4. 农业现代化是实现乡村振兴战略的重要支撑

乡村振兴战略是我国当前和未来一段时间的重要发展战略。农业现代化作为乡村振兴战略的重要组成部分，将为乡村振兴提供坚实的物质基础和产业支撑。通过推进农业现代化，可以促进农村经济的发展和农民的增收，为乡村振兴注入强大的动力。

二、农业现代化的价值

（一）经济效益

在全球化与科技进步的浪潮下，农业现代化已成为推动国家经济发展的重要力量。农业现代化不仅提高了农业生产效率，还促进了农村经济的繁荣，为整个经济体系带来了显著的经济效益。下面将探讨农业现代化的价值，特别是在经济效益方面的贡献。

1. 大幅提高农业生产效率

农业现代化通过引入先进的农业技术和设备，大幅提高了农业生产效率。现代化的农业机械设备能够减少人力投入，缩短生产周期。同时，精准农业技术通过利用大数据、物联网等现代信息技术，实现对农田的精细化管理，有效提升了农作物的产量和品质。这些技术的应用，使得农业生产更加高效、科学，为农民带来了更高的经济收益。

2. 促进农村经济繁荣

农业现代化推动了农村经济的繁荣。随着农业生产效率的提高，农民的收入水平得到了显著提升。同时，农业现代化还促进了农村产业结构的优化升级，推动了农村第一产业、第二产业、第三产业的融合发展。通过发展农村电商、乡村旅游等新兴产业，拓宽了农民的增收渠道。此外，农业现代化还吸引了越来越多的城市资本、技术和人才向农村流动，进一步推动了农村经济的繁荣。

3. 保障国家粮食安全，维护社会稳定

农业现代化对保障国家粮食安全具有重要意义。通过提高农业生产效率，农业现代化能够确保粮食的稳定供应，满足人民日益增长的粮食需求。同时，农业现代化还能够提升农产品的品质和安全水平，为消费者提供更加优质、安全的食品，这对保障国家粮食安全、维护社会稳定具有重要作用。

4. 推动经济全球化

农业现代化对于推动经济全球化也具有积极作用。我国农产品在国际市场上的竞争力不断增强。高品质的农产品不仅能够满足国内市场需求，还能够出口到国外市场，为国家带来丰厚的外汇收入。同时，农业现代化还能够促进国际农业技术的交流与合作，推动全球农业的发展与进步。

（二）社会效益

农业现代化可以优化农业生产结构，提高农产品的质量和安全水平，满足人民群众对优质、安全、健康农产品的需求。同时，农业现代化还能够促进农村社会的稳定和发展，提高农民的生活水平和幸福感。

1. 增加农民收入与推动农村发展

农业现代化带来了农业生产效率的大幅提升，从而降低了农民的生产成本，提高了他们的收入水平。这不仅改善了农民的生活条件，也激发了他们进一步投入农业生产的积极性。同时，农业现代化还推动了农村基础设施的完善，促进了农村经济的多元化发展，为农村地区的繁荣稳定奠定了坚实的基础。

2. 促进城乡融合与区域均衡发展

农业现代化不仅推动了农村经济的发展，也促进了城乡之间的融合。随着农村经济的繁荣和农民收入的增加，城乡之间的差距逐渐缩小，城乡之间的交流和互动也日益频繁。这有助于打破城乡二元结构，推动区域经济的均衡发展。

3. 提升国家竞争力与全球影响力

农业是一个国家综合国力的重要体现，而农业现代化则是提升国家竞争力的关键。通过推动农业现代化，一个国家可以确保粮食自给自足，减少对外依赖，从而在国际竞争中占据有利地位。同时，农业现代化还可以推动农业科技创新和品牌建设，提升农产品的国际竞争力，增强国家在全球农业领域的影响力。

4. 促进农村人口就业，缓解城市压力

农业现代化为农村人口提供了更多的就业机会。农业生产方式发生变革，需要更多的劳动力参与。此外，农业现代化还能够带动农村相关产业的发展，如农产品加工、乡村旅游等，进一步增加农村就业机会。这有助于缓解城市就业压力，促进城乡协调发展。

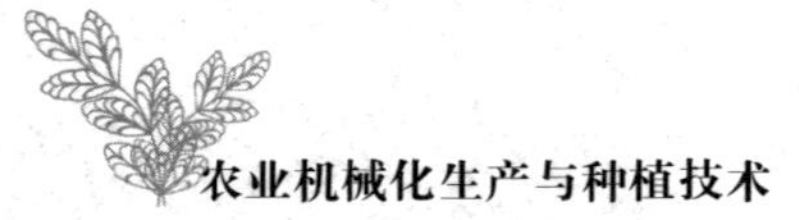

5. 传承和弘扬农耕文化，增强文化自信

农业现代化在推动农业发展的同时，也注重传承和弘扬农耕文化。通过保护农业文化遗产、挖掘农耕文化的价值内涵、开展农耕文化活动等方式，让更多人了解和认识农耕文化，从而增强文化自信。这不仅有助于弘扬中华民族的优秀传统文化，还能够为农业现代化提供精神动力和文化支撑。

（三）生态效益

随着科技的飞速发展和全球化的加速推进，农业现代化已成为推动经济持续增长、保障食品安全和促进可持续发展的重要力量。而在这个过程中，生态效益作为农业现代化不可或缺的一部分，其价值越发凸显。下面将探讨农业现代化的生态效益，并阐述其对于人类社会和自然环境的重要性。

1. 资源利用效率的提升

农业现代化显著提高了农业资源的利用效率。从传统的耕作方式转向精准农业，农民可以依据土壤、气候等条件，科学制订种植计划和施肥方案，避免资源的浪费和过度使用。同时，现代化的农业设备如无人机、智能灌溉系统等，能够实时监控农田状况，实现精准灌溉和施肥，进一步提高水肥利用效率。

2. 生态环境的保护

农业现代化不仅注重经济效益，还高度关注生态环境的保护。通过推广生态农业和有机农业，减少化肥、农药的使用量，降低对土壤和水源的污染。同时，农业现代化的生态修复技术，如植被恢复、水土保持等，能够有效改善农业生态环境，增强生态系统的稳定性和自我修复能力。这些措施的实施，对于维护生物多样性、保护生态平衡具有重要意义。

3. 农业废弃物的资源化利用

农业废弃物的处理一直是农业发展中面临的一大难题。然而，在农业现代化的推动下，农业废弃物得到了有效的资源化利用。通过生物技术、发酵技术等手段，将秸秆、畜禽粪便等农业废弃物转化为有机肥料、生物能源等，实现了废弃物的减量化、资源化和无害化。这不仅解决了农业废弃物的处理难题，还促进了农业循环经济的发展，提高了农业的综合效益。

农业现代化是适应经济发展、满足社会需求的必然选择。它不仅能够提高农业生产效率、保障粮食安全、促进农村经济发展，还能够带来显著的经济效益、社会效益、生态效益。我们应该加大对农业现代化的投入和支持力度，推动农业现代化的深入发展。同时，我们也需要关注农业现代化进程中可能出现的问题和挑战，并积极寻求解决方案和措施，确保农业现代化的顺利推进和可持续发展。

第二章　农业工程

第一节　农业工程概述

一、农业工程的定义

农业工程，作为一个综合性极强的领域，为现代农业的发展提供了坚实的科技支撑。它不仅涵盖了传统的农田水利、农业机械等基础设施建设，更扩展至信息技术、生物技术等多个前沿领域，成为推动农业现代化进程的重要力量。

农业工程是一门应用工程技术，为农业生产、农民生活服务的基本建设与工程设施的总称。具体来说，农田水利建设、水土保持设施、农业动力和农业机械工程、农业环境保护工程、农副产品的加工、储存、运输工程等，都属于农业工程的范畴。这些设施的建设与应用，旨在提高农业生产的效率、减少生产成本、改善生产环境以及提高农产品质量和安全性。

从学科分类的角度来看，农业工程已经成为一门独立的学科体系。它涵盖了农业水资源工程、农业水土工程、农业电气化与自动化、农业环境工程、农产品加工工程、农业物流与供应链工程、农业生物环境与能源工程、农业信息技术与智能化工程等多个方面。这些领域的相互协作和集成，为现代农业的发展提供了强有力的支持。

二、农业工程的发展历程：从原始到现代的演进

作为服务于农业生产和农村生活的综合性工程技术，农业工程的发展历程既是一部人类文明的进步史，也是一部科技进步的壮丽篇章。从最初的简单农具到现代的机械化、信息化、智能化设备，农业工程的发展不仅极大地提高了农业生产效率，也为全球粮食安全、农村经济发展起到了推动作用。

（一）原始农业工程阶段

在远古时代，人类为了生存，开始从事农业生产活动。此时的农业工程主要以手工工

具为主，如石斧、石锄等，用于开垦、播种和收割。这些工具虽然简陋，但却开启了人类农业生产的先河，为后续的农业发展奠定了基础。

（二）传统农业工程阶段

随着铁器的出现和畜力的利用，传统农业工程进入了新的发展阶段。铁制农具的普及大大提高了农业生产的效率，而畜力的使用则使农业生产活动能够覆盖更广的范围。此外，农田灌溉和排水系统也逐渐建立，为农业生产提供了更加稳定的环境条件。

（三）现代农业工程阶段

进入20世纪，农业工程迎来了前所未有的发展机遇。内燃机的发明和电力技术的普及，使得农业机械得到了广泛应用，如拖拉机、收割机等，极大地提高了农业生产的机械化水平。同时，信息技术、生物技术等现代科技的融入，使得农业工程在精准农业、生态农业等领域取得了显著进展。

在精准农业方面，通过利用卫星遥感、地理信息系统等技术手段，实现对农田的精准监测和管理，为农业生产提供了更加科学、高效的支持。在生态农业方面，农业工程注重生态环境保护，采用生态友好型的农业技术和模式，促进农业与环境的和谐发展。

随着全球人口的不断增长和资源的日益紧张，农业工程将面临更大的挑战和机遇。未来，农业工程将继续向智能化、绿色化、可持续化方向发展。通过引入人工智能、物联网等先进技术，实现农业生产的智能化管理和精准控制；通过发展绿色农业、循环农业等新型农业模式，实现农业生产的绿色转型；通过加强国际合作和交流，共同推动全球农业工程的可持续发展。

三、农业工程：现代农业发展的关键驱动力

农业工程作为一门跨学科的技术科学，不仅集成了生物学、环境学、机械学等多领域的知识，而且在现代农业发展中扮演着至关重要的角色。从提高农业劳动生产率、抵御自然灾害、推动农业生产的集约化到保护农业自然资源，农业工程都展现出了其不可替代的作用。

（一）提高农业劳动生产率

农业工程通过引入先进的农业机械设备和自动化技术，极大地提高了农业生产的效率。例如，现代化的农机具可以完成播种、施肥、灌溉、收割等一系列作业，不仅减轻了农民的劳动强度，还提高了作业精度和速度。此外，智能农业系统能够实时监控作物生长情况，根据环境变化自动调整灌溉和施肥量，进一步提高了农业生产的精准性和效率。

（二）抵御自然灾害

农业工程在抵御自然灾害方面也发挥着重要作用。通过建设农田水利设施，如灌溉渠系、排水沟道等，可以有效调控农田水分，减轻旱涝灾害对农业生产的影响。同时，农业

工程还涉及农田防护林的建设，这些防护林能够降低风速、减少风蚀和沙尘暴的危害，保护农作物减少自然灾害的侵袭。

（三）农业生产的集约化

农业工程的发展推动了农业生产的集约化。通过科学规划和管理，实现土地、水、劳动力等资源的优化配置，提高单位面积的产出。例如，设施农业通过建设温室、大棚等设施，实现了对作物生长环境的精确控制，提高了作物的产量和品质。同时，农业工程还推动了农业产业链的延伸和整合，促进了农业与第二产业、第三产业的融合发展。

（四）保护农业自然资源

农业工程在保护农业自然资源方面也具有重要作用。通过推广节水灌溉技术、发展生态农业等措施，可以减少农业生产对水资源和土壤资源的消耗和破坏。同时，农业工程还涉及农业废弃物的处理和利用，如畜禽粪便、农作物秸秆等，通过科学处理可以转化为有机肥料和生物质能源等宝贵资源，实现资源的循环利用和环境的可持续发展。

农业工程在现代农业发展中具有不可替代的作用。它不仅能够提高农业劳动生产率、抵御自然灾害、推动农业生产的集约化，还能够保护农业自然资源，促进农业的可持续发展。我们应该高度重视农业工程的发展和应用，不断推动农业工程技术的创新和进步，为现代农业的发展提供强有力的支撑。

四、农工业工程的特点

（一）新技术引领下的大型化、密集化、自动化与电子化趋势

随着科技的不断进步和工程技术的飞速发展，农业工程领域正经历着一场深刻的变革。传统的农业生产方式正在逐步被新技术所取代，工程技术的新成就被广泛应用于农业生产的各个环节，推动农业工程向大型化、密集化、自动化和电子化方向发展。

1. 农业工程的大型化

农业工程的大型化是指通过引入大型机械、设备和设施，实现农业生产的高效化和规模化。随着工程技术的发展，越来越多的大型农业机械设备被投入使用，如大型拖拉机、收割机、灌溉系统等。这些设备的使用不仅提高了农业生产效率，使得农业生产更加轻松高效。

2. 农业工程的密集化

农业工程的密集化主要体现在农业生产过程中的资源利用和种植方式的优化上。通过工程技术手段，可以实现对农业资源的更有效利用，如通过精准施肥、灌溉和种植等技术，提高土地利用率和作物产量。同时，密集化种植还可以减少病虫害的发生。

3. 农业工程的自动化

自动化是农业工程发展的重要方向之一。通过引入自动化设备和系统，可以实现农业

生产过程的自动化控制和管理。例如，自动化播种机、无人机植保、智能温室等技术已经得到广泛应用。这些技术不仅提高了农业生产效率，还降低了人工成本，使得农业生产更加智能化和高效化。

4. 农业工程的电子化

电子化是农业工程现代化的重要标志之一。通过引入电子信息技术，可以实现对农业生产过程的实时监测、数据分析和智能决策。例如，物联网技术可以实现对农田环境、作物生长情况的实时监测和数据传输；大数据分析技术可以对农业生产数据进行深入挖掘和分析，为农业生产提供科学依据；人工智能技术可以根据数据分析结果提供智能决策支持，帮助农民更好地管理农田和作物。

总之，工程技术的新成就正在深刻改变着农业生产的面貌。大型化、密集化、自动化和电子化是农业工程发展的必然趋势。未来，随着更多新技术的不断涌现和应用，农业工程将迎来更加广阔的发展前景。同时，我们也应该看到，农业工程的发展离不开科技的支持和人才的培养。我们应该加强对农业工程技术的研发和推广，培养更多的农业工程人才，为推动农业现代化进程做出更大的贡献。

（二）工程科学与农业生物科学的深度融合

农业工程作为一个跨学科的领域，正日益展现出其独特的魅力。这一领域不仅结合了传统的工程科学，还紧密地与农业生物科学相互渗透，共同推动着现代农业的发展。

1. 工程科学在农业工程中的应用

工程科学为农业工程提供了坚实的理论基础和技术支持。在农业机械化方面，工程师们通过设计和优化农机具，使得农业生产过程中的耕作、播种、收割等各个环节都能够实现高效、精准作业。这不仅提高了农业生产效率，还降低了农民的劳动强度。

此外，工程科学在农业灌溉、温室环境控制等方面也发挥了重要作用。通过利用传感器、控制器等现代化技术，可以实现对农业生产环境的实时监控和调节，从而创造出更加有利于农作物生长的环境条件。

2. 农业生物科学对农业工程的促进

农业生物科学为农业工程提供了丰富的生物资源和理论知识。通过对作物生长规律、病虫害防治等方面的研究，科学家们能够为农业生产提供更加科学的指导。这些研究成果不仅可以指导农业生产实践，还可以为农业工程的设计和优化提供重要的参考。

同时，农业生物科学的发展也推动了农业工程技术的创新。例如，基因编辑技术、生物农药等新型生物技术的应用，为农业生产带来了更加环保、高效的解决方案。这些技术的应用不仅提高了农产品的产量和品质，还降低了农业生产对环境的负面影响。

3. 工程科学与农业生物科学的相互渗透

在农业工程领域，工程科学与农业生物科学的相互渗透已经成为一种趋势。这种趋势体现在以下几个方面。

（1）技术融合

在农业工程技术的研发和应用过程中，工程师们越来越注重与生物学家的合作。他们共同研究作物生长规律、病虫害防治等问题，并将这些研究成果应用于农业工程技术的创新中。

（2）学科交叉

随着农业工程领域的不断发展，越来越多的学者开始从事跨学科的研究工作。他们不仅具备工程科学的知识背景，还具备农业生物科学的专业素养。这种学科交叉的研究方式有助于推动农业工程领域的创新和发展。

（3）实践应用

在农业生产实践中，工程科学与农业生物科学的融合也得到了广泛应用。例如，精准农业通过利用卫星遥感、无人机等技术手段获取农田信息，并结合作物生长模型进行数据分析，可以实现对农田的精准管理。这种管理方式不仅可以提高农业生产效率，还可以降低生产成本和资源浪费。

农业工程的特点在于工程科学与农业生物科学的更紧密结合和相互渗透。这种融合不仅推动了农业工程技术的创新和发展，还为农业生产带来了更加高效、环保的解决方案。未来，随着科技的不断进步和跨学科研究的深入发展，农业工程领域将会展现出更加广阔的发展前景。

（三）各种工程技术的综合利用与农业生产的全面发展

农业工程作为现代农业发展的重要支撑，其特点在于将各种工程技术综合应用于农业生产的全过程，推动农业生产的全面发展。这种跨学科的融合不仅提升了农业生产的效率，也为农业的可持续发展提供了强大的技术支撑。

1. 工程技术的多样化应用

农业工程涵盖了众多工程技术领域，包括机械工程、水利工程、土木工程、电气工程、信息技术等。这些技术在农业生产中的应用，使得传统的农业生产方式发生了深刻变革。例如，农业机械的使用，极大地提高了农田耕作、播种、收割等作业的效率；水利工程的建设，为农田提供了稳定的水源，保障了农业生产的稳定性；而信息技术的引入，则使得农业生产的监控和管理更加智能化和精准化。

2. 促进农业生产的全面发展

农业工程的综合利用，不仅提高了农业生产的效率，也促进了农业生产的全面发展。在品种改良方面，农业工程通过生物工程技术的应用，培育出更加适应市场需求、抗病性更强的农作物品种；在农业生态方面，通过水土保持、生态农业等技术在农业工程中的应用，改善了农业生态环境，提高了农产品的品质和安全性；在农业经济管理方面，农业工程通过信息化技术的应用，实现了农业生产的精准管理和决策支持，提高了农业资源的利用效率。

3. 推动了农业现代化进程

农业工程的综合利用是农业现代化进程中的重要推动力量。随着科技的不断进步和农业工程技术的不断创新。未来，农业工程将继续发挥其在农业生产中的重要作用，推动农业现代化进程不断向前发展。

尽管农业工程在推动农业生产全面发展方面取得了显著成效，但也面临着一些挑战。例如，如何进一步提高农业工程技术的创新能力和应用水平？如何更好地将农业工程技术与农业生产实践相结合？这些问题需要我们在未来的工作中不断思考和探索。

农业工程的特点在于各种工程技术的综合利用，这种跨学科的融合为农业生产的全面发展提供了强大的技术支撑。未来，我们应该进一步加强农业工程技术的研发和应用。同时，也应该关注农业工程在推动农业生产全面发展过程中所面临的挑战和机遇，积极应对和把握这些挑战和机遇，为农业生产的可持续发展贡献更多的力量。

五、农业工程的内容

（一）农业机械化

农业工程领域也迎来了前所未有的变革。其中，农业机械化作为这一变革的核心，不仅极大地提高了农业生产效率，还促进了农业现代化进程，成为推动农业可持续发展的重要力量。

农业机械化是使用先进的机械设备和技术手段来替代传统的人力、畜力进行农业生产。它涵盖了从播种、耕作、灌溉、施肥到收割、加工、储存等农业生产的各个环节。农业机械化的推广与应用，不仅可以节省大量的人力物力，还能提高农业生产的精准度和效率，从而增加农产品的产量和质量。

（二）农业工程中的农田水利与水土保持

在农业工程中，农田水利与水土保持是两个至关重要的环节。它们不仅关系到农作物的生长与产量，更直接影响着土地资源的可持续利用和生态环境的保护。随着现代农业的快速发展，农田水利和水土保持工作日益受到重视，通过水利工程和生物措施相结合的方式，实现土壤物理、化学性状的优化，调节土壤水、肥、气、热状况，有效防止水土流失，成为农业工程中的重要研究方向和实践内容。

1. 农田水利与水土保持的重要性

农田水利是农业生产的基础，通过建设灌溉、排水等水利设施，为农作物提供充足的水分和养分，保证农作物的正常生长。同时，农田水利还有助于改善农田的生态环境，增强农作物的抗逆能力。水土保持则是维护土地资源、防止水土流失的重要措施，它通过植被覆盖、工程防护等手段，减少雨水对地面的冲刷，保护土壤不被侵蚀，保持土壤的物理、化学性状稳定。

2. 水利工程与生物措施的结合

在农田水利和水土保持工作中，水利工程和生物措施的结合是一种有效的手段。水利工程主要包括灌溉、排水系统的建设和管理，通过科学合理的规划和设计，确保农田的水分供应和排水顺畅。生物措施则是指通过种植植被、培育微生物等方式，改善土壤结构，增强土壤的抗侵蚀能力。

水利工程可以通过建设渠道、水库等设施，将水资源引入农田，为农作物提供充足的水分。同时，排水系统的建设也能有效防止农田积水，减少土壤盐碱化等问题。在生物措施方面，可以通过种植耐旱、耐涝的作物品种，提高农作物的适应性；通过绿肥、秸秆还田等方式，增加土壤有机质含量，改善土壤结构；通过植树造林、种草等措施，增加植被覆盖度，减少雨水对地面的冲刷。

3. 优化土壤物理、化学性状

水利工程和生物措施的结合有助于优化土壤的物理、化学性状。水利工程通过调节土壤水分含量，影响土壤的通气性、透水性等物理性状。生物措施则通过增加土壤有机质含量、改善土壤微生物群落结构等方式，影响土壤的肥力、酸碱度等化学性状。两者相互作用，共同促进土壤物理、化学性状的改善，为农作物的生长提供良好的土壤环境。

4. 调节土壤水、肥、气、热状况

水利工程和生物措施还能有效调节土壤的水、肥、气、热状况。水利工程通过灌溉系统为土壤提供充足的水分，满足农作物的生长需求；通过排水系统排出多余的水分，防止土壤过湿。生物措施则通过绿肥、秸秆还田等方式增加土壤肥力；通过植被覆盖减少土壤水分的蒸发散失；通过改善土壤结构提高土壤的通气性和保水性。这些措施共同作用于土壤，使土壤的水、肥、气、热状况达到最佳状态，有利于农作物的生长和发育。

5. 防止水土流失

农田水利和水土保持工作的最终目的是防止水土流失。水利工程通过建设拦沙坝、护坡等工程设施拦截泥沙；通过调节水流速度和流向，减少水流对地面的冲刷。生物措施则通过植被覆盖减少雨水对地面的直接冲击；通过根系固土增强土壤的抗侵蚀能力。两者相结合，形成一道坚固的防线，有效防止水土流失的发生。

（三）农业土地利用工程

在农业发展的历史长河中，土地利用工程始终扮演着至关重要的角色。它不仅是农业生态平衡的重要维护者，更是国民经济稳定发展的基石。土地利用工程，顾名思义，是对土地进行合理开发、利用和治理的综合性工程技术，旨在根据农业生态平衡的原理和国民经济发展的需要，对不同地区、不同类型和不同利用目的的土地进行科学规划和管理。

1. 土地利用工程的核心原则

在现代社会，土地利用工程已成为促进经济发展、保护生态环境、优化资源配置的重

要手段。而在这一系列复杂的活动中，一个核心的原则贯穿始终，那就是“平衡”。土地利用工程中的平衡，不仅体现在对土地资源的合理利用上，更体现在经济发展与生态保护、社会效益与经济效益之间的和谐统一。

（1）土地利用与生态保护的平衡

土地利用工程的首要任务是对土地资源进行合理规划和高效利用。然而，这种利用并非无节制地开发，而是要在满足人类需求的同时，充分考虑生态环境的保护。通过科学规划，实现土地资源的优化配置，避免过度开发和滥用，保护生态系统的完整性和稳定性。例如，在农业用地规划中，要充分考虑土壤肥力、水资源等因素，采取合理的耕作方式和轮作制度，既保证粮食产量，又保护土壤和水资源。

（2）经济发展与生态保护的平衡

经济发展是土地利用工程的重要目标之一，但经济发展不能以牺牲生态环境为代价。在土地利用工程中，要实现经济发展与生态保护的平衡，就需要在规划过程中充分考虑环境容量和生态承载力，合理确定开发强度和开发方式。同时，要加强生态环境保护和修复工作，通过植树造林、水土保持等措施，提高生态系统的自我修复能力，为经济发展提供有力的生态支撑。

（3）社会效益与经济效益的平衡

土地利用工程不仅要追求经济效益，更要注重社会效益。在土地利用过程中，要充分考虑公众的利益和需求，实现经济效益和社会效益的共赢。例如，在城市规划中，要充分考虑居民的生活需求，合理规划住宅、商业、交通等用地，提高城市的宜居性和便利性。同时，要加强公共设施建设，提高公共服务水平，满足居民的基本生活需求。

（4）短期利益与长期利益的平衡

土地利用工程是一个长期的过程，需要考虑到短期利益和长期利益的平衡。在规划过程中，要充分考虑未来发展的需要，避免短视行为。例如，在工业园区规划中，要充分考虑未来产业的发展趋势和环保要求，合理规划用地布局和基础设施建设，为未来的产业发展提供有力的支撑。同时，要加强土地资源的保护和管理工作，确保土地资源的可持续利用。

2. 土地利用工程的主要任务

土地利用工程是土地资源管理中不可或缺的一环，其主要任务涵盖了开发、利用、治理和保护四个方面。这四个方面相互关联、相互促进，共同构成了土地利用工程的核心内容。

（1）开发土地资源

土地资源开发是土地利用工程的首要任务。随着人口的增长和经济的发展，对土地资源的需求不断增加，这就要求人们不断开发新的土地资源。土地资源开发包括农用地开发、建设用地开发、未利用地的开发。通过科学的规划和合理的布局，将未利用地或低效利用地转化为高效利用地，以满足社会经济发展的需要。

在开发过程中，需要注重生态平衡和可持续发展。通过引进先进的农业技术，提高土地利用效率，同时保护生态环境，实现经济效益、社会效益和生态效益的协调统一。

（2）合理利用土地资源

土地利用工程的第二个任务是合理利用土地资源。合理利用土地资源是指在满足社会经济发展需要的前提下，实现土地资源的优化配置和高效利用。这包括优化土地利用结构、调整土地利用方式、提高土地利用效率等方面。

在合理利用土地资源的过程中，需要根据土地资源的自然属性和社会经济条件，制定科学的土地利用规划和政策。同时，加强土地市场管理，规范土地利用行为，防止土地资源的浪费和破坏。

（3）治理土地退化

土地退化是当前土地资源面临的重要问题之一。治理土地退化是土地利用工程的第三个任务。土地退化包括土壤侵蚀、土地沙化、盐碱化、土地污染等多种形式。

在治理土地退化的过程中，需要根据土地退化的类型和程度，采取有针对性的治理措施。例如，对于土壤侵蚀严重的地区，可以采取植树造林、修建梯田等措施；对于土地沙化的地区，可以采取封育保护、草方格沙障等措施；对于盐碱化的地区，可以采取灌溉排水、种植耐盐碱植物等措施。同时，加强科技支撑，引进先进的治理技术和方法，提高治理效果。

（4）保护土地资源

保护土地资源是土地利用工程的第四个任务。保护土地资源是指在合理利用土地资源的同时，采取各种措施保护土地资源的数量和质量，防止土地资源的破坏和损失。

在保护土地资源的过程中，需要加强法制，完善土地保护政策。同时，加强土地执法力度，严厉打击违法用地行为。此外，还需要加强土地监测和评估工作，及时掌握土地资源的变化情况，为土地资源的保护提供科学依据。

3. 土地利用工程的技术方法

随着人口增长和经济发展，土地资源的高效利用与保护变得尤为重要。土地利用工程作为一门综合性工程技术，旨在通过科学规划、合理整治和生态保护，提高土地资源的可持续利用。下面将从土地调查与规划技术、土地整治与改造技术以及生态保护与修复技术三个方面，对土地利用工程的技术进行探讨。

（1）土地调查与规划技术

土地调查与规划是土地利用工程的首要任务。它通过收集、分析和评价土地资源的基础数据，为土地的科学规划提供决策依据。

土地调查是土地规划的基础工作，主要利用遥感技术、地理信息系统（GIS）等技术手段，对地形、土壤、气候、水文、植被等自然地理要素，以及人口、经济、交通、农业、工业等人文地理要素进行全面调查。通过实地考察、遥感影像解译、问卷调查、统计分析等方

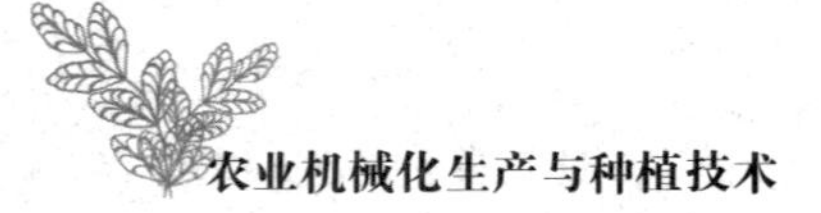

法，获取土地利用现状、潜力及限制等信息，为土地规划提供科学依据。

土地规划是根据土地调查结果，结合区域发展目标、社会经济条件等因素，对土地利用进行科学规划的过程。在规划过程中，需遵循可持续发展原则、人性化原则、协调发展原则等基本原则，确保土地规划的科学性和有效性。GIS 是土地规划的重要工具，它可以对土地的各种数据进行收集、管理、分析和展示，为土地规划提供直观、准确的数据支持。

（2）土地整治与改造技术

土地整治与改造是土地利用工程的核心内容，旨在通过工程措施和生物措施相结合，对土地进行合理开发利用与治理改造。

土地整治主要包括土地资源调查与评价、土地改造与整理、土地生态环境治理等方面。在整治过程中，需对土地资源进行全面调查和评价，明确土地的质量、潜力和适宜用途。通过疏浚和排水工程、土地平整和整理、土地石化和酸碱性调整、土壤施肥和改良等技术手段，提高土地的适宜性和可利用性。同时，对分散的、零散的土地进行整合和整理，提高土地的利用效率和连片性。

土地改造是指对土地进行改良和改造，以满足不同土地利用需求。常见的土地改造技术包括土地平整、土壤改良、灌溉排水设施建设等。通过土地改造，可以提高土地的农业生产能力、改善生态环境、促进城乡协调发展。

（3）生态保护与修复技术

生态保护与修复是土地利用工程的重要组成部分，旨在保护土地资源和生态环境，促进土地资源的可持续利用。

生态保护技术主要包括水土保持、植被恢复和保护、水体净化等。通过建设防护林、河道整治、村庄生活污水处理等工程设施，改善农村的生态环境，保护水资源和土地资源。同时，加强土地资源的监测和管理，及时发现和处理土地污染、土地退化等问题，确保土地资源的健康和可持续发展。

生态修复是指对受损的生态系统进行修复和重建的过程。常见的生态修复技术包括植物修复、生物修复、物理修复、化学修复和工程修复等。通过选择适合生长的植物或微生物，利用它们的生物吸附、生物降解、生物转化等作用去除水体或土壤中的有害物质；或者利用物理、化学方法去除污染物；还可以通过建设湿地、养殖池塘等工程设施，利用生态系统的自净能力和生物的代谢作用去除污染物。生态修复技术可以有效改善受损生态系统的结构和功能，恢复其生态平衡和生物多样性。

（四）农村建筑与农业生物环境工程

随着科技的不断进步和农业现代化的发展，农村建筑和农业生物环境工程在农业生产中扮演着越来越重要的角色。它们通过利用各种建筑物和其他工程设施，为农业生物生长和繁育，以及农产品储存保鲜创造了良好的环境条件，极大地提高了农业生产的效率和质量。

1. 植物性生产环境工程

植物性生产环境工程是农业生物工程的重要组成部分，它涉及植物生长的各个方面。狭义上，它主要指的是利用地膜覆盖、塑料棚、玻璃温室和人工气候室等技术手段，为作物生长创造出一个适宜的环境。这种环境可以根据不同作物的生长需求，调节温度、湿度、光照等生长条件，使作物在最佳的生长状态下进行生长，从而提高作物的产量和品质。

广义上，植物性生产环境工程还包括大田生产的防冻、防霜、防雹等技术。这些技术可以有效地防止因自然灾害导致的作物减产和品质下降，为农业生产提供有力的保障。

2. 动物性生产环境工程

动物性生产环境工程则主要关注畜禽舍饲养所需的各种建筑物及设备。随着现代畜牧业的发展，畜禽舍的设计和建造越来越注重动物福利和环保。现代化的畜禽舍通常配备了自动化饲喂系统、环境控制系统和废弃物处理系统，为畜禽提供了一个舒适、安全、卫生的生长环境。

此外，动物性生产环境工程还包括饲料加工和储存设施的建设。这些设施可以确保饲料的质量和储存安全，为畜禽提供充足的营养支持，促进畜禽的健康生长。

3. 农产品保鲜储存工程

农产品保鲜储存工程是确保农产品质量和延长农产品货架期的重要手段。它主要利用常温库、低温库、气调库等建筑物及其配套设备，对农产品进行保鲜储存。这些设施可以通过调节温度、湿度、气体成分等条件，抑制农产品的呼吸作用和微生物的生长，延缓农产品的衰老和变质过程，从而保持农产品的品质和营养价值。

同时，农产品保鲜储存工程还涉及农产品加工和运输环节。在加工过程中，需要采用先进的加工技术和设备，确保农产品的加工质量和卫生安全；在运输过程中，需要采用合适的包装和运输方式，减少农产品的损耗和污染，确保农产品能够安全、及时地到达消费者手中。

（五）农副产品加工工程

农业，作为人类生存与发展的基石，其重要性不言而喻。而在农业领域中，农副产品加工工程占据着举足轻重的地位。这一工程领域不仅关乎着农产品的附加值提升，更与食品安全、营养健康、资源节约等方面紧密相连。下面将对农副产品加工工程进行深入的探讨，以揭示其在农业工程中的核心地位及其技术应用。

1. 农副产品加工工程的定义与意义

农副产品加工工程，是指对动植物产品进行加工处理，以提高其附加值和实用性的一系列工程技术的总称。这些产品包括但不限于粮食、油料、果蔬、畜禽、水产等。通过加工处理，农产品能够转变为更加方便食用、保存和运输的产品，如面粉、食用油、罐头、肉类制品等。这一工程领域的发展，对于提高农业经济效益、满足人民日益增长的食品需求具有重要意义。

2. 农副产品加工工程的技术应用

（1）食品加工技术

食品加工技术是农副产品加工工程的核心内容之一。它涵盖了从原料处理、预处理、加工制作到包装、储存等各个环节。在食品加工过程中，需要运用多种技术手段，如切割、研磨、挤压、烘干、发酵等，以改变食品的形态、口感和营养价值。

（2）保鲜储存技术

保鲜储存技术是确保农副产品品质和延长货架期的关键技术。它涉及低温储存、气调储存、辐射保鲜等多种方法。通过这些技术的应用，可以有效减缓农产品的腐败速度，延长其保质期，满足市场对新鲜食品的需求。

（3）资源综合利用技术

在农副产品加工过程中，往往会产生大量的废弃物。通过资源综合利用技术，可以将这些废弃物转化为有价值的资源，如生物肥料、生物饲料、生物质能源等。这不仅有助于减少环境污染，还能实现农业废弃物的资源化利用。

3. 农副产品加工工程的发展趋势

（1）绿色环保

随着人们环保意识的提高，绿色环保已成为农副产品加工工程的重要发展方向。在加工过程中需要注重节能减排、减少废弃物排放等措施，以降低对环境的影响。

（2）智能化生产

随着信息技术的发展，智能化生产已成为农副产品加工工程的重要趋势。通过引入自动化生产线、物联网技术等手段，可以实现生产过程的自动化和智能化管理。

（3）功能性食品开发

随着人们健康意识的提高，功能性食品已成为市场上的热门产品。农副产品加工工程需要关注市场需求变化，加强功能性食品的研发和生产，以满足人们对健康食品的需求。

农副产品加工工程是农业工程中的重要组成部分。它通过运用各种工程技术手段对动植物产品进行加工处理，提高农产品的附加值和实用性。在未来发展中，农副产品加工工程需要注重绿色环保、智能化生产和功能性食品开发等方向的发展，以推动农业经济的可持续发展。

（六）农村能源工程

随着全球能源危机的日益严峻和环保意识的不断提高，农村能源工程的重要性愈发凸显。农村能源工程，作为农业工程的一个重要分支，致力于合理开发利用农村能源资源，为农村的可持续发展提供坚实的技术支撑。

1. 农村能源资源的多样性

农村能源资源具有多样性，主要包括生物质能、水能、风能、太阳能等。这些能源资源在农村地区广泛分布，易于获取，且对环境的污染较小。合理开发利用这些资源，不仅

可以降低对化石能源的依赖，还能有效减少环境污染，实现农村的绿色可持续发展。

2. 农村能源工程的技术路径

（1）生物质能技术

通过生物质能的转化利用技术，如生物质发电、生物质燃气等，将农作物秸秆、畜禽粪便等废弃物转化为清洁能源，既解决了农业废弃物的处理问题，又实现了能源的有效利用。

（2）水能技术

农村地区的水能资源丰富，通过水力发电技术，可以将水能转化为电能，为农村提供稳定的电力供应。同时，水能还可以用于灌溉、日常生活用水等方面，提高农业生产的效率。

（3）风能技术

风能是一种清洁、可再生的能源，适合在农村地区进行分散式开发利用。通过风力发电技术，可以将风能转化为电能，满足农村地区的电力需求。

（4）太阳能技术

太阳能是农村地区最为广泛和容易获取的可再生能源之一。通过太阳能光伏发电系统，可以将太阳能转化为电能，为农业生产和生活提供电力支持。此外，太阳能热水器等太阳能利用设施也可以满足农村地区的热水需求。

3. 提高用能效率的工程技术

（1）节能技术

在农村地区推广节能技术，如采用节能型农机具、节能型照明系统等，减少能源消耗。

（2）能源综合利用技术

通过能源综合利用技术，将多种能源资源进行整合和优化配置，实现能源的互补和高效利用。例如，可以将生物质能与太阳能、风能等进行综合利用，提高能源的综合利用效率。

（3）智能化管理技术

利用现代信息技术，对农村能源系统进行智能化管理，实现能源的优化调度和合理分配。通过实时监测和分析能源消耗情况，及时发现和解决能源浪费问题。

农村能源工程是农业工程的重要组成部分，对于促进农村的可持续发展具有重要意义。通过合理开发利用农村能源资源，不仅可以降低能源消耗和环境污染，还可以促进农村经济的发展和农民生活水平的提高。未来，随着技术的不断进步和政策的不断完善，农村能源工程将在农村发展中发挥更加重要的作用。

（七）农业电气化工程

农业工程正迎来一场前所未有的电力革命。农业电气化工程作为这场革命的核心，正逐步渗透到农业生产和农村生活的方方面面，极大地提高了生产效率，提高了农民的生活质量。

1. 电能在农村生活和农业生产上的应用

农业电气化工程的首要任务是确保电力在农村生活和农业生产中的广泛应用。在农业生产中，电力不仅为农业机械提供动力，还用于灌溉、温室控制、精准施肥等多个环节。例如，电力驱动的灌溉系统可以根据作物需求和水资源状况，实现精确控制，大大提高水资源利用效率。同时，电力温室能够模拟作物生长的最佳环境，促进作物生长。

在农村生活中，电力同样发挥着不可替代的作用。电力照明、电力供暖、电力制冷等技术的应用，让农民的生活更加便捷舒适。此外，电力还推动了农村信息化的发展，农民可以通过电力网络获取市场信息、学习农业技术，促进农村经济的持续发展。

2. 农村输配电工程

农村输配电工程是农业电气化工程的重要组成部分。随着农村电力需求的不断增长，输配电工程的建设和管理面临着新的挑战。为了确保电力供应的稳定性和可靠性，农村输配电工程需要不断优化电网结构，提高电网的智能化水平。

在电网建设方面，应加强农村电网的规划和设计，确保电网布局合理、安全可靠。同时，应加快电网改造升级步伐，提高电网的供电能力和可靠性。在电网管理方面，应建立完善的电网监控和调度系统，实现电网的智能化管理和控制。通过应用先进的电力电子技术，如变频调速装置、有源功率因数校正等，可以进一步提高电网的运行效率和安全性。

3. 电气控制和安全用电

电气控制和安全用电是农业电气化工程的重要保障。在农业生产和农村生活中，电气设备的广泛应用使得电气控制和安全用电显得尤为重要。

在电气控制方面，应推广先进的电气控制技术，如可编程控制器（PLC）控制技术、变频器控制技术等。这些技术可以实现对电气设备的精确控制，提高设备的运行效率和安全性。同时，应建立完善的电气控制系统，实现对电气设备的远程监控和管理。

在安全用电方面，应加强对电气设备的安全管理。首先，应确保电气设备的选型符合国家标准和安全规范，避免因设备质量问题引发的安全事故。其次，应加强对电气设备的日常检查和维护保养工作，及时发现并排除安全隐患。此外，还应加强对农民的安全用电教育，提高他们的安全意识和自我保护能力。

第二节　我国农业工程的发展前景

一、我国农业工程的发展现状分析

（一）农业机械化水平不断提高

随着我国经济的快速发展和农业现代化的深入推进，农业工程领域取得了显著成就，

其中，农业机械化水平不断提高成为最为瞩目的亮点。这一成就不仅体现在农机装备数量和种类的快速增长上，还体现在农业化作业面积的扩大和农机服务组织的壮大等多个方面。

1. 农机装备数量和种类的增长

近年来，我国农机装备行业蓬勃发展，农机装备数量和种类均实现了快速增长。从传统的耕作、播种、收割机械，到现代化的无人机、智能农机等高科技产品，农机装备的种类日益丰富。同时，随着国家对农机购置补贴政策的持续加大，农民购买农机的积极性不断提高，农机装备数量也呈现出快速增长的态势。这极大地解放了农村劳动力，为农业现代化的推进奠定了坚实的基础。

2. 农业化作业面积的扩大

随着农机装备数量和种类的增长，我国农业化作业面积也在不断扩大。传统的农业作业方式已经无法满足现代农业的需求，而机械化作业以其高效、精准、环保的特点受到了广大农民的青睐。目前，我国已经实现了粮食作物生产全程机械化，并逐步向经济作物、养殖业等领域拓展。机械化作业的普及不仅提高了农业生产效率，也促进了农业生产的标准化和规模化，为我国农业现代化的全面推进提供了有力支撑。

3. 农机服务组织的壮大

随着农业机械化水平的提高，农机服务组织也逐步壮大。这些组织不仅为农民提供了全方位的农机服务，还推动了农机装备的研发和推广。目前，我国已经建立了较为完善的农机服务体系，包括农机合作社、农机服务公司等多种形式。这些组织通过整合农机资源、提供技术培训、开展农机作业等方式，有效促进了农机装备的应用和普及。同时，随着市场竞争的加剧，农机服务组织也在不断创新服务模式、提高服务质量，以满足农民日益增长的农机服务需求。

我国农业工程发展现状呈现出农业机械化水平不断提高的态势。农机装备数量和种类的增长、农机作业面积的扩大以及农机服务组织的壮大等多个方面均取得了显著成就。这些成就不仅提高了农业生产效率和质量，也为我国农业现代化的全面推进奠定了坚实基础。未来，随着我国农业现代化的深入推进和科技创新的不断加强，农业机械化水平还将继续提高，为我国农业的发展注入新的动力。

（二）农业信息技术应用日益广泛

我国农业工程领域正在经历一场前所未有的技术革命。其中，农业信息技术的广泛应用，不仅极大地推动了农业现代化、智能化的发展，也为保障国家粮食安全、促进农村经济发展提供了有力支撑。下面将从农业物联网技术的应用、农业大数据分析与决策支持以及精准农业与智慧农业的发展三个方面，探讨我国农业工程的发展现状。

1. 农业物联网技术的应用

物联网技术以其强大的数据采集、传输和处理能力，为农业生产的智能化管理提供了

有力支撑。物联网技术在农业生产中被广泛应用于农田环境监测、动植物生长监测、农机作业管理等领域。通过安装各类传感器，实现对土壤湿度、温度、光照、二氧化碳浓度等环境参数的实时监测，为农民提供精准的农事管理建议。同时，物联网技术还能实现对农机设备的远程监控和调度，提高农机作业效率。

2. 农业大数据分析与决策支持

随着信息技术的不断进步，农业大数据已经成为农业生产和管理的重要资源。通过对农业生产、销售、流通等各环节的数据进行收集、整合和分析，可以为农业生产提供科学的决策支持。例如，通过分析历史气象数据、土壤信息以及作物生长数据，可以预测病虫害发生的风险，及时采取措施保护农作物。同时，农业大数据还能帮助农民了解市场需求，优化种植结构。

3. 精准农业与智慧农业的发展

精准农业和智慧农业是农业信息技术应用的重要方向。精准农业通过利用遥感、全球导航卫星系统（GNSS）、地理信息系统（GIS）等先进技术，对农田进行高分辨率的监测、测绘与分析，实现对不同地块的精准施肥、精准灌溉和精准植保。智慧农业则进一步将物联网、大数据、人工智能等先进技术应用于农业生产全过程，实现农业生产的智能化、自动化和精准化。

通过卫星遥感技术获取农田的空间分布信息，结合地理信息系统进行数据处理和分析，可以实现对农田的精准划分和管理。同时，利用全球定位系统实现对农机设备的精准定位和导航，提高农机作业效率和精度。在智慧农业方面，通过物联网技术实现对农田环境、作物生长等信息的实时监测和传输，结合大数据和人工智能技术进行分析和预测，为农民提供科学的种植建议和管理方案。

总之，我国农业工程领域正在经历一场技术革命，农业信息技术的广泛应用为农业现代化、智能化发展提供了有力的支撑。未来，随着技术的不断进步和应用领域的不断拓展，我国农业工程将迎来更加广阔的发展前景。

（三）农业节水灌溉与水土保持技术

随着全球气候变化和水资源日益紧张，农业工程的发展面临着前所未有的挑战。作为世界上主要的农业大国之一，我国如何有效地利用水资源、保护水土环境，成为农业工程领域的重要课题。下面将从高效节水灌溉技术的推广和水土保持与生态修复工程两个方面探讨我国农业工程的发展现状。

1. 高效节水灌溉技术的推广

高效节水灌溉技术在我国得到了广泛的推广和应用。这些技术通过提高灌溉效率、减少水资源浪费，为农业生产的可持续发展提供了有力的保障。

（1）精准灌溉技术

精准灌溉技术通过采用先进的传感器、控制系统和灌溉设备，实现了对作物生长环境的实时监测和精准控制。它可以根据作物的生长需求和土壤湿度状况，自动调节灌溉水量和灌溉时间，从而实现水资源的最大化利用。

（2）滴灌技术

滴灌技术是一种高效的节水灌溉方式，它通过低压管道系统，将水分直接输送到作物根部附近的土壤中，减少了水分的蒸发和流失。滴灌技术适用于各种土壤类型和作物种类，特别是在干旱地区和水资源匮乏的地区，其节水效果尤为显著。

（3）喷灌技术

喷灌技术通过高压泵将水加压后，通过喷头将水喷洒到作物上，实现对作物的均匀灌溉。与地面灌溉相比，喷灌技术可以节省大量的水资源，并且灌溉效果更加均匀。此外，喷灌技术还可以结合施肥、施药等作业。

2. 水土保持与生态修复工程

水土保持与生态修复工程是农业工程的重要组成部分，它对于保护土地资源、改善生态环境具有重要意义。

（1）水土保持技术

水土保持技术主要包括植被恢复、坡面防护、沟道治理等方面。通过种植适应性强的植物、修建挡土墙、修建排水沟等措施，可以有效地防止水土流失和土壤侵蚀，保护土地资源。同时，水土保持技术还可以提高土壤的肥力和保水能力，为作物的生长提供良好的环境。

（2）生态修复工程

生态修复工程主要是通过人工手段，对受损的生态系统进行修复和重建。这包括植被恢复、湿地建设、水土保持林建设等方面。通过生态修复工程，可以有效地提高生态环境质量，提高生态系统的稳定性和服务功能。同时，生态修复工程还可以促进生物多样性的保护和恢复，为生态系统的可持续发展提供有力保障。

我国农业工程在节水灌溉和水土保持技术方面取得了显著的进展。未来，随着科技的不断进步和政策的不断支持，我国农业工程将继续向高效、节水、环保的方向发展，为农业生产的可持续发展做出更大的贡献。

（四）农业生物技术与遗传工程

我国农业工程发展取得了显著成就。其中，农业生物技术与遗传工程的融合，为农业生产的提质增效、资源节约和环境保护提供了强有力的技术支撑。下面将从作物生物技术、畜牧水产生物技术以及农业生物安全与风险评估三个方面探讨我国农业工程的发展现状。

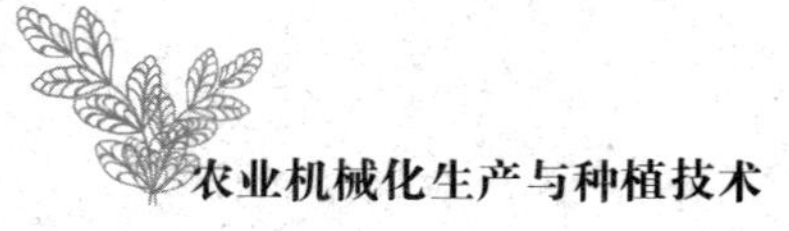

1. 作物生物技术的进展

作物生物技术是现代农业发展的重要方向之一，它通过基因编辑、转基因技术等手段，实现对作物性状的精准改良。近年来，我国作物生物技术取得了长足进展。

（1）基因编辑技术

CRISPR–Cas9 等基因编辑技术被广泛应用于作物改良中，成功实现了对作物抗旱、抗病、抗虫等性状的精准改良。这些技术的应用不仅提高了作物的产量和品质，还减少了化学农药和化肥的使用，有利于保护生态环境。

（2）转基因技术

转基因技术在作物育种中也发挥了重要作用。通过导入外源基因，作物可以获得新的性状和功能，如提高产量、改善品质、增强抗逆性等。目前，我国已培育出一批具有自主知识产权的转基因作物品种，为农业生产注入了新的活力。

2. 畜牧水产生物技术的应用

畜牧水产生物技术是利用生物技术手段对畜禽水产动物进行遗传改良和品种优化，以提高其生产性能和经济效益。在我国，畜牧水产生物技术的应用也日益广泛。

（1）畜牧业

在畜牧业中，通过基因编辑和转基因技术，可以培育出具有优良性状的畜禽品种，如生长速度快、肉质好、抗病力强的畜禽品种。这些品种的推广和应用，有助于提高畜牧业的生产效率和经济效益。

（2）水产业

在水产业中，生物技术同样发挥了重要作用。通过基因工程和分子育种技术，可以培育出适应性强、生长速度快、品质优良的水产养殖品种。同时，利用生物技术还可以开发针对水产养殖中常见病原体的疫苗和抗菌药物，提高水产养殖的健康水平和产量。

3. 农业生物安全与风险评估

随着农业生物技术的广泛应用，农业生物安全与风险评估也日益受到关注。农业生物安全评估旨在评估农作物、家畜和其他农业生物的安全性，并提供相关的控制措施和管理建议。

（1）遗传安全评估

在遗传安全评估方面，我国已建立了完善的转基因农作物安全性评价体系和监管机制。通过对转基因农作物的全面评估和严格监管，确保了转基因农作物在保障人类健康和环境安全方面的可靠性。

（2）病虫害防控评估

在病虫害防控评估方面，我国通过评估农作物和家畜受到的病虫害威胁，采取合理的防控措施，有效减少了病虫害对农业生产的危害。同时，我国还加强了对农药和抗生素使用的监管和评估，以减少对人类健康和环境的潜在危害。

（3）检疫和隔离措施评估

在检疫和隔离措施评估方面，我国通过评估农业生物的检疫和隔离措施的有效性，并提出改进建议，为农业生物的健康发展提供了有力保障。

我国农业工程在农业生物技术与遗传工程的深度融合下取得了显著成就。作物生物技术的进展、畜牧水产生物技术的应用以及农业生物安全与风险评估的加强，为我国农业生产的提质增效、资源节约和环境保护提供了有力支持。

二、我国农业工程的发展前景展望

（一）技术创新引领农业工程发展

随着科技的不断进步和全球经济的深度融合，我国农业工程正迎来前所未有的发展机遇。技术创新作为推动农业工程发展的核心动力，将在加强农业工程科技研发、推广先进的农业工程技术、加快农业科技成果转化等方面发挥关键作用，为构建现代化农业体系提供有力支撑。

1. 加强农业工程科技研发

面对复杂多变的自然环境和社会需求，加强农业工程科技研发是提升农业综合生产能力的关键。未来，我国将加大对农业工程科技研发的投入，鼓励科研机构、高校和企业开展深度合作，共同攻克农业工程领域的核心技术难题。同时，加强国际交流与合作，引进国外先进的农业工程技术和经验，推动我国农业工程科技水平不断迈上新台阶。

2. 推广先进的农业工程技术

在农业工程科技研发的基础上，积极推广先进的农业工程技术对于提升农业生产效率和促进农民增收具有重要意义。未来，我国将采取一系列措施推广先进的农业工程技术，如加强农民培训和技术指导，提高农民对先进技术的认识和掌握程度；优化农业工程技术推广机制，推动先进技术在广大农村地区的应用；加强政策扶持和资金投入，降低农民采用先进技术的成本。

3. 加快农业科技成果转化

农业科技成果的转化是科技创新与农业生产紧密结合的重要环节。为了加快农业科技成果转化，我国将采取以下措施：首先，建立科技成果转化激励机制，鼓励科研机构和企业加快科技成果转化速度；其次，加强科技中介服务机构建设，提供科技成果评估、技术咨询、市场推广等全方位服务；最后，优化政策环境，降低科技成果转化过程中的税费负担和风险成本。

我国农业工程发展前景广阔。随着技术创新的不断深入和农业工程技术的广泛应用，我国农业生产将实现更加高效、绿色、可持续的发展。同时，农业工程的发展也将为农村经济注入新的活力，推动乡村振兴战略的深入实施。有理由相信，在技术创新的引领下，我国农业工程将迎来更加美好的明天。

（二）农业工程人才培养与引进

作为支撑农业现代化和农业可持续发展的重要力量，农业工程的发展前景广阔，加强农业工程人才培养与引进显得尤为重要。

1. 加强农业工程教育体系建设

农业工程教育体系的完善是培育优秀农业工程人才的基础。首先，应优化农业工程学科设置，增设与现代农业发展紧密相关的课程，如智慧农业、生态工程等。同时，加强实践教学环节，提高学生的动手能力和创新能力。此外，还应建立与企业、科研机构等合作的教育模式，为学生提供更多的实践机会和就业渠道。

2. 培养复合型农业工程人才

随着农业现代化进程的加快，对农业工程人才的需求也日益多元化。培养复合型农业工程人才成为当务之急。复合型农业工程人才不仅具备扎实的专业知识，还应具备跨学科的知识背景和创新能力。为实现这一目标，高校应鼓励学生参与跨学科课程学习，开展跨学科研究，培养具有全球视野和创新精神的人才。

3. 引进国际先进的农业工程技术与人才

引进国际先进的农业工程技术与人才是提升我国农业工程水平的重要途径。首先，应加强与国外高校、科研机构的合作与交流，引进先进的农业工程技术和教育理念。同时，积极引进海外高层次人才，为他们提供良好的工作和生活环境，激发他们的创新活力。此外，还应鼓励国内企业参与国际竞争，引进国际先进的农业工程技术和设备，提升我国农业工程的整体竞争力。

我国农业工程的发展前景广阔。加强农业工程人才培养与引进，不仅能够为农业现代化提供有力的人才支撑，还能够推动我国农业工程技术的不断创新和进步。同时，随着国家对农业工程领域的持续投入和政策的支持，相信我国农业工程将在未来实现更加辉煌的成就。

（三）绿色农业工程与可持续发展

随着全球对环境保护和可持续发展的日益重视，农业工程作为现代农业生产的重要组成部分，也面临着转型升级的重要机遇。特别是在我国，作为农业大国，农业工程的发展对于推动绿色农业、保护农业资源环境、实现农业生态系统的良性循环具有重要意义。

1. 推广绿色农业工程技术

绿色农业工程技术是农业可持续发展的关键所在。它涵盖了精准农业、生态农业、节水农业等多个方面，旨在通过科技手段提高农业生产效率，减少资源消耗和环境污染。未

来，我国应加大对绿色农业工程技术的研发和推广力度，引导农民采用先进的农业技术和管理模式，实现农业生产的高效、绿色、可持续。

（1）精准农业

精准农业是绿色农业工程技术的重要组成部分。通过应用现代信息技术，如卫星遥感、GIS、GNSS 等，精准农业可以实现农田信息的快速获取、分析和处理，为农业生产提供精准指导。这不仅可以提高农业生产效率，还可以减少化肥、农药等农业投入品的过量使用。

（2）生态农业

此外，生态农业也是绿色农业工程技术的重要方向。生态农业强调生态系统的平衡和循环，通过合理利用农业资源，促进农业生态系统的良性循环。例如，可以通过推广生物农药、有机肥料等环保型农业投入品，减少化学农药和化肥的使用，保护土壤和水资源。

2. 加强农业资源环境保护

农业资源环境保护是农业可持续发展的重要保障。我国农业资源丰富，但也面临着耕地减少、水资源短缺、环境污染等问题。加强农业资源环境保护，实现资源的合理利用和环境的可持续发展，是农业工程发展的重要任务。

（1）加大监测和评估力度

要加大对农业资源环境的监测和评估力度，及时掌握农业资源环境的变化情况。通过建立完善的监测网络和评估体系，对农业资源环境进行全面、系统的监测和评估，为制定科学的农业政策和规划提供有力支持。

（2）推广农业资源高效利用技术

例如，可以推广节水灌溉技术、秸秆还田技术等，提高水资源的利用效率；推广测土配方施肥技术、病虫害生物防治技术等，减少化肥、农药的使用量。

（3）加强农业废弃物的处理和利用

农业废弃物是农业生产中不可避免的问题，但也是潜在的资源。通过推广农业废弃物资源化利用技术，如生物质能源化利用、畜禽粪便无害化处理等，可以实现农业废弃物的减量化、资源化和无害化。

3. 实现农业生态系统的良性循环

实现农业生态系统的良性循环是农业可持续发展的最终目标。通过推广绿色农业工程技术、加强农业资源环境保护等措施，可以促进农业生态系统的良性循环。

（1）优化农业产业结构，促进农业生态系统的平衡发展

通过调整农业产业结构，优化作物种植和养殖结构。例如，可以发展生态农业、循环农业等新型农业模式，实现农业生态系统的良性循环。

（2）加强农业生态系统的保护和修复

通过加强农业生态系统的保护和修复工作，可以提高农业生态系统的稳定性和抗灾能

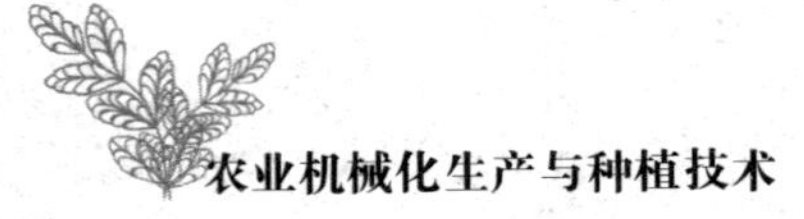

力。例如，可以加强森林、草原等自然生态系统的保护和恢复工作；加强湿地、河流等水生态系统的保护和治理工作等。

总之，我国农业工程的发展前景广阔，但也面临着诸多挑战。只有不断推广绿色农业工程技术、加强农业资源环境保护、实现农业生态系统的良性循环，才能推动我国农业向更加绿色、高效、可持续的方向发展。

（四）农业工程与现代服务业的融合

随着我国经济社会的快速发展，农业工程作为现代农业的重要组成部分，正面临着前所未有的发展机遇。特别是在当前全球化和信息化的背景下，农业工程与现代服务业的融合已成为推动农业高质量发展的必然选择。下面将从发展农业工程服务业、推动农业工程与现代服务业的融合以及提升农业全产业链的服务水平三个方面，探讨我国农业工程的发展前景。

1. 发展农业工程服务业

农业工程服务业作为农业工程的重要组成部分，其发展对于提高农业生产效率、优化农业资源配置具有重要意义。未来，我国应进一步加大对农业工程服务业的扶持力度，鼓励农业工程企业向服务化转型，提供包括农业规划设计、农业装备维修、农业技术咨询等在内的全方位服务。同时，加强农业工程服务业人才培养，提高服务质量和水平，为农业现代化提供有力支撑。

2. 推动农业工程与现代服务业的融合

（1）农业工程与信息技术的融合

信息技术的发展为农业工程提供了强大的技术支撑。通过引入物联网、大数据、云计算等现代信息技术，可以实现农业生产过程的智能化、精准化管理。同时，信息技术的应用还可以推动农产品电子商务的发展，拓宽农产品销售渠道，提升农产品附加值。

（2）农业工程与金融的融合

农业金融作为现代服务业的重要组成部分，对于支持农业工程发展具有重要作用。通过加强农业金融体系建设，提供多样化的金融服务，如农业贷款、农业保险、农业投资等，可以满足农业工程企业在资金、风险保障等方面的需求，推动农业工程的持续发展。

（3）农业工程与物流的融合

农业物流是连接农产品生产和消费的重要环节。通过推动农业工程与物流的融合，可以优化农产品流通渠道，降低物流成本，提高农产品流通效率。同时，物流技术的引入还可以实现农产品的可追溯性和质量安全控制，提升农产品的市场竞争力。

3. 提升农业全产业链的服务水平

农业全产业链包括农业生产、农产品加工、销售等多个环节。提升农业全产业链的服

务水平，需要从多个方面入手。首先，加强农业生产环节的技术创新和服务支持。其次，加强农产品加工环节的技术改造和产业升级。最后，加强农产品销售环节的市场开拓和品牌建设，提高农产品的知名度和美誉度。

农业工程与现代服务业的融合是我国农业发展的重要方向。通过发展农业工程服务业、推动农业工程与现代服务业的融合以及提升农业全产业链的服务水平，可以推动我国农业向高质量发展迈进。未来，我国应继续加大政策支持力度，加强人才培养和技术创新，推动农业工程与现代服务业的深度融合发展。

第三章　农业机械化及其发展的驱动因素

第一节　农业机械化的定义与基本内容

一、农业机械化的定义与范畴

（一）定义

农业机械化，是指利用先进的机械设备和技术手段，在农业生产过程中替代传统的人力、畜力作业，实现农业生产过程的高效、精准和自动化。农业机械化的发展是现代农业的重要标志，对于提高农业生产效率、减轻农民劳动强度、促进农业可持续发展具有重要意义。

（二）范畴

农业机械化涵盖了农业生产的各个环节，从农田耕作到加工运输，都离不开机械化设备的支持。下面，从六个方面详细探讨农业机械化的范畴。

1. 农田耕作机械化

农田耕作机械化是农业机械化的基础，主要包括土地平整、耕作、播种等作业。通过拖拉机、旋耕机、播种机等机械设备的运用，能够大大提高农田耕作的效率和质量，为后续的农业生产奠定坚实的基础。

2. 农业种植机械化

农业种植机械化是指在农作物种植过程中，利用机械设备进行播种、移栽、覆膜等作业。这种机械化方式能够减少人工操作，提高种植效率，同时也有利于作物生长环境的改善。

3. 农业施肥机械化

施肥是农业生产中的重要环节，直接关系到作物的产量和品质。农业施肥机械化通过施肥机、喷灌设备等机械设备，将肥料均匀地施入土壤中，确保作物获得充足的营养，提高施肥效果。

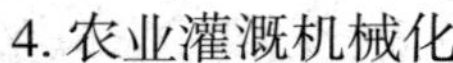

4. 农业灌溉机械化

灌溉是农业生产中不可或缺的环节，特别是在干旱地区。农业灌溉机械化利用喷灌、滴灌等节水灌溉设备，实现水资源的高效利用，同时减少水资源浪费，提高灌溉效率。

5. 农业收获机械化

农业收获机械化是指在农作物成熟后，利用机械设备进行收割、脱粒、清选等作业。这种机械化方式能够大大提高收获效率，减少作物损失，同时也有利于农产品的后续加工和销售。

6. 农业加工和运输机械化

农业加工和运输机械化是农业生产链的延伸，通过农产品加工设备和运输车辆，对农产品进行加工、包装和运输。这种机械化方式能够延长农产品的产业链，提高农产品的附加值和市场竞争力。

二、农业机械化的基本内容

在农业工程领域中，农业机械化无疑是一个举足轻重的组成部分。它不仅极大地提升了农业生产的效率，也深刻改变了农民的生活方式。具体来讲，农业机械化涵盖以下三个层面的内容。

（一）农业生产和农民生活所需的各种机械实体

农业机械化已成为现代农业发展的重要标志。它不仅极大地提高了农业生产的效率，还提高了农民的生活质量。下面，从农业生产和农民生活两个方面，探讨农业机械化所需的各种机械实体。

1. 农业生产中所需的各种机械实体

（1）农田耕作机械

农田耕作机械是农业机械化的基础。这类机械包括拖拉机、耕地机、旋耕机等，它们能够完成土地的耕作、翻耕、旋耕等作业，为后续的播种、施肥、灌溉等环节打下坚实基础。

（2）种植与播种机械

种植与播种机械是农业机械化中不可或缺的一部分。这类机械包括播种机、插秧机、移栽机等，它们能够高效地完成种子的播种、秧苗的移栽等作业，大大提高了作物的种植效率。

（3）植保与施肥机械

植保与施肥机械是保障农作物健康生长的关键。这类机械包括喷雾机、喷灌机、施肥机等，它们能够精准地进行病虫害防治、作物施肥等作业，提高农作物的产量和品质。

（4）收获与加工机械

收获与加工机械是农业机械化中的重要环节。这类机械包括收割机、脱粒机、烘干机等，

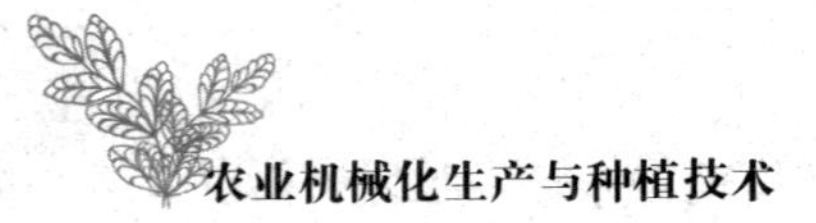

它们能够快速地完成作物的收割、脱粒、烘干等作业，减少了人力投入，提高了收获效率。

2. 农业生活中所需的各种机械实体

（1）农村运输机械

农村运输机械是改善农民生活条件的重要工具。这类机械包括农用运输车、拖拉机挂车等，它们能够方便农产品运输与农民的出行，大大提高了农村交通的便利性和效率。

（2）农村能源机械

农村能源机械是满足农民生活能源需求的关键。这类机械包括沼气发生器、生物质能锅炉等，它们能够利用农作物秸秆、畜禽粪便等农业废弃物生产清洁能源，减少了对传统能源的依赖，降低了环境污染。

（3）农村生活机械

农村生活机械是提升农民生活质量的重要保障。这类机械包括洗衣机、冰箱、电视机等家用电器，以及太阳能热水器、太阳能灶等太阳能设备，它们能够满足农民日常生活的各种需求，提高了农民的生活品质。

（4）农业信息与智能化设备

随着信息技术的不断发展，农业信息与智能化设备在农业生产和农民生活中发挥着越来越重要的作用。这类设备包括智能温室控制系统、无人机植保系统、农业物联网设备等，它们能够实现对农业生产的精准管理、智能决策和远程控制，提高了农业生产的智能化水平和效益。

（二）农业机械装备农业的途径、步骤、方法

1. 农业机械装备农业的途径

农业机械装备农业，是实现农业现代化、提高农业生产效率、促进农业可持续发展的重要途径。实现农业机械化需要从以下三个方面入手。

（1）政策引导与支持

政府应制定相关政策，明确农业机械化的战略地位，提供财政资金支持，鼓励农民购买和使用先进的农业机械设备。同时，政府还可以通过实施农机购置补贴、农机作业补贴等政策措施，降低农民购置和使用农机的成本。

（2）技术创新与推广

农业机械化的发展离不开技术创新。科研机构和农机企业应加大技术研发力度，推出更加先进、适用、智能化的农机产品。同时，政府应组织农机新技术、新机具的示范推广活动，提高农民对农业机械化技术的认知度和使用率。

（3）人才培养与培训

农业机械化的发展需要专业化的技术人才支撑。高校和职业院校应开设农业机械化相关专业，培养具备专业知识和技能的农机技术人才。同时，政府应组织农机技术培训活动，提高农民的农机操作和维护技能。

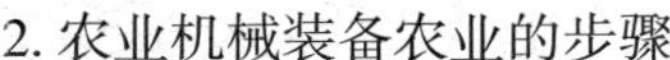

2. 农业机械装备农业的步骤

（1）需求分析

根据当地农业生产的特点和需求，分析农业机械化发展的重点领域和关键环节，确定农业机械化发展的优先顺序和重点任务。

（2）规划制订

在需求分析的基础上，制订农业机械化发展规划，明确发展目标、任务、措施和时间表，确保农业机械化发展的有序推进。

（3）组织实施

按照规划要求，组织实施农业机械化项目，包括农机购置、农机作业、农机维修等方面的工作。同时，加强项目管理和监督，确保项目质量和效益。

（4）评估总结

对农业机械化项目实施情况进行评估和总结，发现问题及时改进，总结经验教训，为下一步农业机械化发展提供参考和借鉴。

3. 农业机械装备农业的方法

（1）引进与自主研发相结合

在引进国外先进农机技术的同时，加强自主研发和创新能力，推动农业机械化技术的不断进步和升级。

（2）示范与推广相结合

通过组织农机新技术、新机具的示范推广活动，让农民亲身感受农业机械化技术的优势和效果，提高农民对农业机械化技术的接受度和使用率。

（3）农机与农艺相结合

在农业机械化发展过程中，要注重农机与农艺的紧密结合，根据农作物的生长规律和农艺要求，选择合适的农机装备和技术方案，实现农机与农艺的协调发展。

（4）农机社会化服务

加强农机社会化服务体系建设，鼓励农机大户、农机合作社等新型农机服务组织发展，为农民提供全方位、多层次的农业机械化服务。

（三）农业机械的组织管理、推广运用、维修配套

1. 农业机械的组织管理

农业机械化是现代农业发展的重要标志，其组织管理是确保农业机械高效、有序运作的关键。组织管理主要涵盖以下五个方面。

（1）规划制订

根据地区农业发展的实际情况，制订农业机械化的长期发展规划和年度实施计划，确保农业机械化的稳步推进。

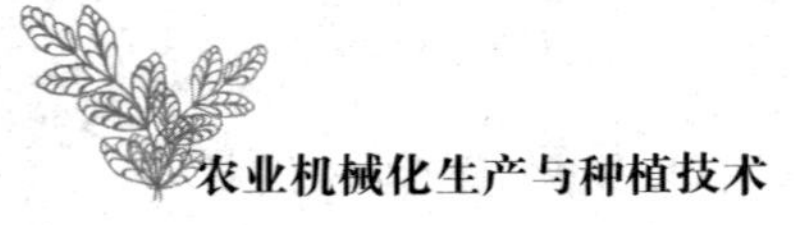

（2）政策引导

政府应出台相关政策，鼓励和支持农民使用农业机械。同时，加大财政投入，为农业机械化提供资金保障。

（3）组织协调

建立农业机械化服务组织，协调农业机械的购买、使用、维修等各个环节，确保农业机械正常运行。

（4）人员培训

加强对农民和农业机械操作人员的培训，提高其操作技能和安全意识，确保农业机械的安全使用。

（5）监管评估

建立农业机械化监管评估机制，对农业机械的使用情况进行定期检查，评估其效益，并根据评估结果调整政策措施。

2. 农业机械的推广运用

农业机械的推广运用是农业机械化工作的重要环节，其目的是让更多的农民了解并使用农业机械。

（1）示范带动

通过建立农业机械化示范基地，展示农业机械的优越性和实用性，吸引农民购买和使用农业机械。

（2）宣传推广

利用广播、电视、互联网等媒体，广泛宣传农业机械化的好处和操作方法，提高农民对农业机械化的认识。

（3）技术指导

组织专家和技术人员深入农村，为农民提供农业机械的使用指导和技术支持，帮助农民解决使用中的问题。

（4）合作经营

鼓励农民成立农业机械化合作社或农机服务队，实现农业机械的共享和互助，降低使用成本。

（5）市场化运作

推动农业机械市场化运作，鼓励企业参与农业机械化服务，为农民提供更多样化、个性化的服务。

3. 农业机械的维修配套

农业机械的维修配套是确保农业机械正常运行的重要保障。

（1）建立维修网络。在农村地区建立农业机械维修站或维修点，为农民提供及时、方便的维修服务。

（2）加强维修队伍建设

培养一支技术精湛、服务热情的农业机械维修队伍，提高维修质量和效率。

（3）提供配件供应

建立农业机械配件供应体系，确保农民在需要时能够及时购买到合适的配件。

（4）加强质量监管

对农业机械维修站和配件供应商进行质量监管，确保其提供的服务和配件符合相关标准和质量要求。

（5）推广预防性维护

向农民推广农业机械的预防性维护知识，帮助农民掌握正确的使用和维护方法，延长农业机械的使用寿命。

第二节　农业机械在农业生产中的作用

一、农业机械的特点

随着科技的不断进步和农业现代化水平的提高，农业机械在农业生产中扮演着越来越重要的角色。它们不仅提高了农业生产的效率，还减轻了农民的劳动强度，为农业的发展注入了新的活力。下面，从操作特点、产品特点、行业特点三个方面来探讨农业机械的特点。

（一）农业机械的操作特点

在现代农业发展中，农业机械扮演着至关重要的角色。它们不仅提高了生产效率，降低了劳动强度，还促进了农业生产的规模化、标准化和智能化。下面将探讨农业机械的操作特点，以便更好地理解和应用这些设备。

1. 自动化程度高

现代农业机械普遍具备较高的自动化程度。许多农业机械配备了先进的传感器、控制系统和人工智能算法，能够实现精准作业、自主导航和远程监控等功能。这些智能化技术的应用，使得农业机械的操作更加简便、快捷，同时也减少了人为因素对作业质量的影响。

2. 作业效率高

农业机械的作业效率远高于传统的人工劳作。例如，联合收割机可以在短时间内完成大面积的收割作业，而播种机则可以快速、均匀地将种子播撒到田间。这些高效率的农业机械，不仅提高了农业生产效率，还有助于实现农作物的及时收割和播种，从而保证了农作物的产量和品质。

3. 适应性强

农业机械具有较强的适应性。它们可以根据不同的作物种类、土壤条件和气候条件，调整作业参数和作业方式。例如，拖拉机可以配备不同的农具，如犁、耙、播种机等，以适应不同作物的种植需求。同时，农业机械还可以通过调整工作速度、作业深度和作业宽度等参数，以适应不同的土壤条件和气候条件。这种适应性强的特点，使得农业机械在农业生产中具有广泛的应用前景。

（二）农业机械的产品特点

农业机械的产品特点主要体现在其高效性、多功能性和耐用性上。首先，农业机械能够大幅度提高农业生产的效率，减少人力投入。其次，农业机械具有多种功能，能够满足不同农作物的种植、收割和加工需求，提高了农业生产的灵活性。最后，农业机械的耐用性也是其重要特点之一，它们能够在恶劣的农业环境中长时间稳定运行，减少了维修和更换的频率。

（三）农业机械的行业特点

1. 市场化程度不高

目前，我国农业机械行业的市场化程度还相对较低。这主要是由于农业机械的研发、生产和销售等环节存在着一定的政策壁垒和行政干预，导致市场竞争不够充分。此外，农业机械的推广和应用也面临着一些困难，如农民对新技术和新设备的接受程度不高、农业机械的售后服务不完善等。

2. 面向农民

农业机械的主要用户是农民，因此其设计和生产必须充分考虑农民的实际需求和操作习惯。农业机械的操作界面要简单易懂，易于上手；性能要稳定可靠，能够适应各种复杂的农业环境；价格要合理，符合农民的购买力水平。

3. 由国家提供补贴

为了鼓励农民使用农业机械，提高农业生产的机械化水平，国家通常会对农业机械的购买和使用提供一定的补贴政策。这些补贴政策包括农机购置补贴、农机作业补贴等，旨在降低农民购买和使用农业机械的成本，提高农业机械的普及率和使用率。同时，这些补贴政策也能够促进农业机械行业的发展和创新，推动农业机械技术的不断进步和升级。

农业机械具有智能化、自动化和便捷性的操作特点，以及高效性、多功能性和耐用性的产品特点。同时，农业机械行业也面临着市场化程度不高、面向农民和由国家提供补贴等行业特点。未来，农业机械将在农业生产中发挥更加重要的作用，为农业的发展注入新的活力。

二、农业机械在农业生产中的作用分析

农业机械使农产品的质量和数量有所提高，对现代农业的可持续发展起到了至关重要的推动作用。

（一）提高农业生产效率

随着科技的快速发展，农业机械已成为现代农业生产不可或缺的重要工具。这些先进的机械设备在农业生产的各个环节中都发挥着举足轻重的作用，极大地提高了农业生产效率，为农民带来了更高的经济效益，也为全球粮食安全做出了重要贡献。

1. 播种与种植

在播种和种植阶段，农业机械如播种机、插秧机等极大地提高了作业效率。传统的手工播种和插秧方式不仅耗时耗力，而且播种密度和均匀度难以保证。而现代播种机、插秧机可以根据不同的作物需求，自动调整播种密度和深度，确保种子的均匀分布，提高了作物的出苗率和产量。

2. 施肥与灌溉

在施肥和灌溉方面，农业机械也发挥了巨大作用。现代化的施肥机可以根据作物的生长需求，精确控制施肥量和施肥时间，避免了肥料的浪费和对环境的污染。而灌溉设备如喷灌、滴灌等，则可以根据土壤湿度和作物需求，自动调节灌溉量，既保证了作物的正常生长，又节约了水资源。

3. 病虫害防治

在病虫害防治方面，农业机械同样发挥了重要作用。无人机喷洒农药、智能监测病虫害等技术手段，不仅提高了防治效果，还降低了农民的工作强度和农药的使用量。这些技术手段可以根据病虫害的分布情况和发生规律，精准施药，减少了农药的残留和对环境的污染。

4. 收割与加工

在收割和加工环节，农业机械更是发挥了至关重要的作用。收割机、烘干机等设备可以大幅提高收割速度和效率，减少了作物的损失。同时，现代化的加工设备如磨粉机、榨油机等，可以将农产品加工成各种食品或工业原料，提高了农产品的附加值和市场竞争力。

5. 智能化管理与决策

除了以上各个环节的具体应用外，农业机械还在智能化管理与决策方面发挥了重要作用。通过物联网、大数据、人工智能等技术手段，农民可以实时监测农作物的生长情况、土壤湿度、气候变化等信息，并根据这些信息做出科学的种植和管理决策。这种智能化的管理方式不仅提高了农业生产效率，还降低了生产成本和风险。

（二）提高农产品质量和数量

随着科技的不断进步和农业现代化步伐的加快，农业机械在农业生产中发挥着越来越重要的作用。这些机械化的工具和设备不仅提高了农业生产效率，还在很大程度上提高了农产品的质量和数量，为农业生产带来了革命性的变革。

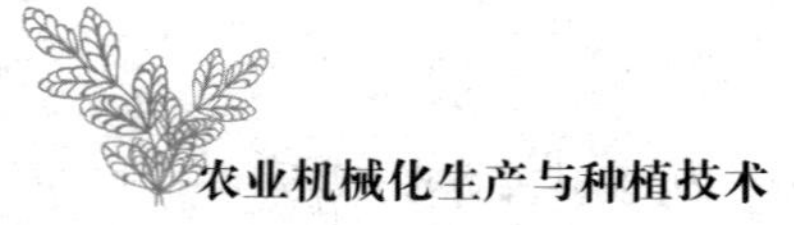

1. 提高农产品数量

（1）提高生产效率

农业机械的使用大大减少了农业生产中的人力投入。例如，拖拉机、收割机等大型机械能够迅速完成大面积的播种、收割等作业，从而在相同的时间内生产出更多的农产品。此外，机械化播种还能保证播种的均匀性和密度，有利于作物的生长和产量的提高。

（2）优化耕作制度

通过精准播种、灌溉、施肥等机械化作业，可以实现土地的集约化、高效化利用，从而增加农产品的产量。农业机械还可以根据不同的土壤类型、气候条件和作物需求，进行精准耕作和管理，使作物生长更加健康、茁壮。

（3）减少损失和浪费

在传统的农业生产中，由于人力操作的不稳定性和局限性，往往会造成一定的损失和浪费。而农业机械的使用可以大大减少这种损失和浪费。例如，收割机能够准确地将作物收割下来，减少因人为操作不当而造成的损失；同时，机械化作业还可以减少作物在运输、储存等过程中的损耗。

2. 提高农产品质量

（1）保证作物生长环境

农业机械可以通过精准控制灌溉、施肥等作业，为作物提供适宜的生长环境。这种精准管理可以确保作物在生长过程中获得充足的营养和水分，从而提高作物的品质和产量。

（2）减少病虫害发生

农业机械在病虫害防治方面也发挥着重要作用。通过喷洒农药、除草剂等化学药剂，可以有效地控制病虫害的发生和传播；同时，一些先进的农业机械还具备物理防治和生物防治的功能，如利用紫外线、高温等手段杀灭害虫和病菌。

（3）精准采摘和处理

农业机械在农产品的采摘和处理方面也具有很大的优势。通过自动化采摘和分类设备，可以确保农产品在采摘过程中不受损伤；同时，这些设备还可以根据农产品的品质和大小进行精准分类和处理，提高农产品的整体品质和市场竞争力。

（三）减轻农民劳动强度

农业机械在农业生产中的应用日益广泛，成为现代农业发展的重要支撑。农业机械不仅提高了农业生产的效率，更在减轻农民劳动强度方面发挥了不可替代的作用。

1. 传统农业生产的挑战

在传统农业生产中，农民往往需要依靠人力和畜力来完成繁重的农事活动，如耕种、收割、灌溉等。这些工作不仅耗时耗力，而且效率低下，对农民的身体健康也构成了不小的挑战。特别是在农忙时节，农民需要长时间劳作，面临着巨大的体力消耗和劳动压力。

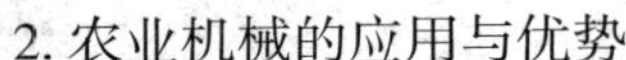

2. 农业机械的应用与优势

农业机械的使用使得农民不再需要亲自进行繁重的体力劳动，大大减轻了他们的劳动强度。农民可以更加舒适地工作，减少因长时间劳作而导致的身体疲劳和损伤。

在减轻农民劳动强度方面，农业机械有以下具体体现。

（1）耕种与播种

现代化的耕作机械能够一次性完成松土、翻地、平整等多个作业环节，而播种机则能够快速精准地完成种子的播种工作。这些机械的使用大大减轻了农民在耕种和播种过程中的劳动强度。

（2）施肥与灌溉

现代化的施肥机械和灌溉设备能够根据农作物的生长需求进行精准施肥和灌溉，提高了肥料和水资源的利用率。农民不再需要亲自进行施肥和灌溉作业，减少了体力消耗和时间投入。

（3）收割与加工

现代化的收割机械能够快速完成农作物的收割工作，而加工机械则能够对收割后的农作物进行初步加工处理。这些机械的使用使得农民在收割和加工过程中不再需要亲自进行繁重的体力劳动。

第三节　农业机械化的发展历程

一、农业机械化的发展阶段

（一）早期农业机械化

早期的农业机械化可以追溯到工业革命时期。在 19 世纪末至 20 世纪初，随着工业革命的深入，西方发达国家开始探索农业生产的机械化。最初的尝试主要集中在利用蒸汽机等机械设备来驱动农具，以提高农业生产的效率。然而，由于当时的技术水平和经济条件限制，这些机械的使用并不普遍，且效果并不显著。这一时期的农业机械化，虽然为后来的发展奠定了基础，但整体上还处于起步阶段。

（二）近代农业机械化

进入20世纪后，随着科学技术的进步和工业的发展，农业机械化迎来了新的发展阶段。特别是在 20 世纪 20 年代至 40 年代，内燃机的出现和广泛应用，使得农业机械的效率和便携性得到了显著提升。拖拉机、收割机、种植机等农机具逐渐普及，农业生产效率得到了极大的提高。此外，电子技术的引入也为农业机械化带来了新的发展机遇。在 20 世纪50年代至70年代，随着电子元器件在农业机械上的应用，农业机械逐渐实现了机电一体化，

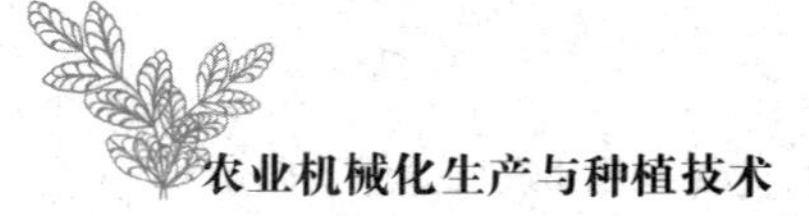

提高了自动化水平。

然而，近代农业机械化的推广和普及并非一帆风顺。在中国等发展中国家，由于经济条件的限制和农业生产模式的特殊性，农业机械化的进程相对较慢。尽管如此，随着改革开放的深入和农业现代化的推进，农业机械化在中国等发展中国家也得到了快速发展。

（三）现代农业机械化的快速发展

进入 21 世纪后，随着信息技术的飞速发展和全球化进程的加速，农业机械化迎来了新的发展机遇。农业机械化在这一阶段与信息化、智能化深度融合，推动了农业生产方式的深刻变革。

一方面，信息技术的应用使得农业机械化管理更加智能化、精准化。通过利用卫星遥感、物联网、大数据等技术手段，可以实现对农业生产全过程的实时监控和数据分析。同时，智能农机装备的普及和应用也极大地提高了农业生产的自动化水平，减轻了农民的劳动强度。

另一方面，农业机械化的发展也促进了农业生产模式的创新。通过推广土地托管、代耕代种等新型农业生产模式，可以实现农业生产的专业化、规模化、集约化经营，提高农业生产效益和农民收入水平。同时，农业机械化的发展也推动了农村第一产业、第二产业、第三产业的融合发展。

二、我国农业机械化现状

随着科技的飞速发展和国家政策的持续推动，我国农业机械化水平不断提高，为农业生产带来了革命性的变化。农业机械化不仅极大地提高了农业生产效率，降低了劳动成本，还有助于实现农业生产的规模化、标准化和智能化。下面将对我国农业机械化现状进行深入分析。

（一）农业机械化水平稳步提高

近年来，我国农业机械化水平取得了显著进步。根据农业农村部的数据，我国主要农作物耕种收综合机械化率已超过 73%，三大主粮生产已基本实现机械化。农业机械的种类也日益丰富，涵盖了从耕整地、种植施肥、田间管理，到收获、加工等农业生产全过程。

这一成就的取得，得益于国家政策的持续支持和农机企业的技术创新。政府通过实施农机购置补贴、报废更新补贴等优惠政策，鼓励农民购买先进的农业机械。同时，农机企业也加大了研发投入，推动技术创新和产业升级。如今，智能化的农业机械已成为市场主流，如无人驾驶拖拉机、自动化种植机等，这些设备大大提高了农业生产效率，降低了劳动成本。

（二）农业机械化发展不平衡

尽管我国农业机械化水平整体提升，但不同农作物、不同应用环节、不同产业间机械化发展不平衡的问题依然存在。例如，果菜茶等作物的机械化率不到40%，畜牧业、渔业、设施农业等机械化率也只有30%~35%。这种不平衡的原因主要有以下三点。

①作物特性和生产环境差异大，导致机械化难度大、成本高。

②农机研发和生产能力不足，无法满足多样化、个性化的需求。

③农民对农业机械的认识和使用技能有限，影响了农业机械的普及和应用。

（三）农业机械化面临的挑战与机遇

随着农业现代化进程的加速推进，农业机械化面临着新的挑战和机遇。

1. 挑战

土地细碎化、农机农艺不匹配等问题制约了农业机械化的发展。同时，随着人口老龄化和劳动力短缺的加剧，对农业机械化的需求将更加迫切。

2. 机遇

国家政策的持续支持和科技创新的推动为农业机械化提供了广阔的发展空间。未来，随着人工智能、物联网等技术的不断发展，农业机械化将向智能化、自动化、绿色化方向发展。这将有助于解决当前农业机械化发展面临的问题。

农业机械化是我国农业现代化进程中的关键一步。当前，我国农业机械化水平稳步提高，但发展不平衡的问题依然存在。未来，我们需要加大政策支持和科技创新力度，推动农业机械化向智能化、自动化、绿色化方向发展。同时，还需要加强农民培训和宣传引导工作，提高农民对农业机械化的认识和使用技能。

三、农业机械化推动现代农业发展

农业机械化已成为推动现代农业发展的重要力量，它不仅极大地提高了农业生产效率，还促进了农业生产的规模化、标准化和智能化，对于保障国家粮食安全、促进农村经济发展以及提高农民生活水平都具有重要意义。

（一）显著提高农业生产效率

农业机械化的最大优势在于能够显著提高农业生产效率。传统农业生产中，农民往往依赖于手工劳作和畜力耕作，且劳动强度大。而农业机械化通过引入先进的机械设备，如拖拉机、收割机、播种机等，实现了农业生产的自动化和机械化，大大减少了人力投入。这不仅降低了农民的劳动强度，还使农民有更多的时间和精力投入其他生产活动中，从而促进了农业生产的全面发展。

（二）促进农业生产规模化、标准化

农业机械化有助于推动农业生产的规模化和标准化。规模化生产可以充分利用土地资源，提高单位面积的产量和效益；而标准化生产则能够确保农产品的质量和安全。农业机械化通过引入先进的生产技术和设备，为农业生产提供了强有力的支持，使得农业生产更

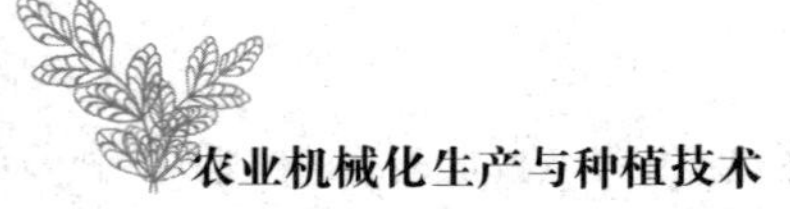

加规范、高效、安全。

（三）推动农业现代化进程

农业机械化是农业现代化的重要组成部分。它不仅能够提高农业生产效率和质量，还能够推动农业生产的智能化和信息化。随着物联网、大数据、人工智能等技术的不断发展，农业机械化正在向智能化、信息化方向迈进。通过引入智能农机、精准农业等先进技术，可以实现农业生产的精准管理、智能决策和远程控制，进一步提高农业生产的智能化水平。

（四）保障国家粮食安全

农业机械化对于保障国家粮食安全具有重要意义。粮食是国家的战略物资，关系到国家的安全和稳定。通过农业机械化，可以提高粮食生产的效率和质量，确保粮食的稳定供应。同时，农业机械化还能够促进农产品的深加工和综合利用，提高农产品的附加值和竞争力，从而为国家粮食安全提供更加坚实的保障。

（五）促进农村经济发展

农业机械化的发展对于促进农村经济发展也具有重要意义。随着农业机械化的推进，农业生产方式发生了深刻变革，农村产业结构得到了优化升级。同时，农业机械化的发展还带动了相关产业的发展，如农机制造、农机维修、农机服务等产业。此外，农业机械化还促进了农村劳动力的转移和就业，为农民提供了更多的就业机会和收入来源。

（六）提高农民生活水平

农业机械化的发展对于提高农民生活水平也具有积极作用。农民的生产效率随着农业机械化的推进得到了提高，收入也相应增加。同时，农业机械化还促进了农村基础设施的改善和公共服务水平的提升，为农民提供了更好的生活环境和服务保障。这些都有利于提高农民的生活水平和幸福感。

总之，农业机械化对于推动现代农业发展具有重要意义。我们应该充分认识农业机械化的重要性，加大投入力度，推动农业机械化向更高水平发展。同时，我们还应该加强科技创新和人才培养，为农业机械化的发展提供有力支撑和保障。

四、农业机械化的发展趋势

随着全球人口的增长和农业资源的日益紧张，农业机械化作为提高农业生产效率、保障粮食安全的重要手段，其发展趋势愈发受到关注。下面将探讨农业机械化在创新、智能和绿色三个方面的发展趋势。

（一）创新引领农业机械化发展

创新是推动农业机械化持续发展的核心动力。随着科技的进步，新型农业机械装备的研发与应用正逐渐改变着传统农业生产方式。一方面，农业机械的自主创新将不断推动技术进步，提高农业机械化技术水平，满足农业生产高效、绿色、可持续发展的需求。例如，

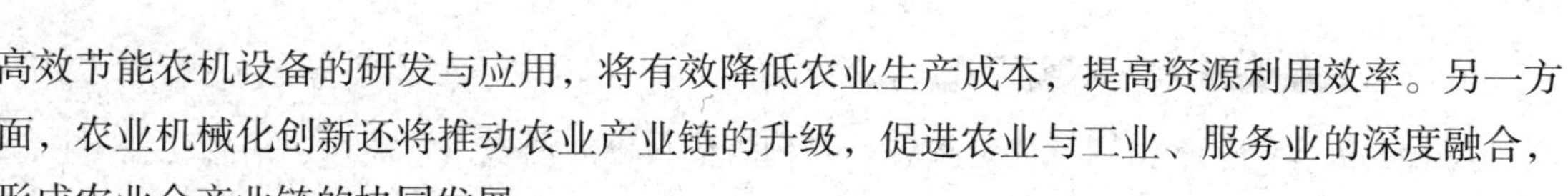

高效节能农机设备的研发与应用，将有效降低农业生产成本，提高资源利用效率。另一方面，农业机械化创新还将推动农业产业链的升级，促进农业与工业、服务业的深度融合，形成农业全产业链的协同发展。

（二）智能化技术助推农业机械化发展

智能化技术正成为推动农业机械化发展的重要力量。智能化农机设备的应用越来越广泛。智能农机设备集成了传感器、控制系统和自动化装置等先进技术，可以实现自动导航、智能作业、远程监控等功能，大大提高了农业生产的自动化水平。智能化技术的应用不仅可以减轻农民的劳动强度，提高生产效率，还可以优化资源配置，实现精准农业和智慧农业。未来，随着5G、云计算等新一代信息技术的普及应用，农业机械化将更加智能化、信息化，为农业生产带来革命性的变革。

（三）绿色可持续发展是农业机械化的追求目标

绿色可持续发展已成为农业机械化的重要方向。农药和化肥在传统农业生产中的大量使用给环境带来了严重的污染问题。绿色化农机设备的研发和应用成为当前的热点。绿色农机设备采用清洁能源驱动、低排放、低噪声的技术，可以有效减少对环境的影响，同时提高农业生产的质量和效益。此外，农业机械化的绿色发展还需要关注土壤改良、水土保持等方面，促进农业生态系统的健康和稳定。

农业机械化的发展趋势将呈现创新、智能和绿色三个方面的特点。未来，随着科技的不断进步和农业生产方式的转变，农业机械化将在提高农业生产效率、保障粮食安全等方面发挥更加重要的作用。同时，我们也需要关注农业机械化发展过程中的问题和挑战，加强政策引导和支持，推动农业机械化向更加健康、可持续的方向发展。

第四节　我国农业机械化的特点

一、稳步发展状态

近年来，农业机械化作为提升农业生产效率、保障粮食安全、促进农业可持续发展的重要手段，已成为推动农业现代化的关键因素。下面将从多个方面分析我国农业机械化的特点，并探讨其未来的发展趋势。

（一）政策支持力度加大

我国政府高度重视农业机械化的发展，出台了一系列扶持政策，极大地激发了农民购买和使用农业机械的积极性。同时，政府还加大了对农机科技研发的投入，推动了农机产品的升级换代。

（二）农机装备水平不断提高

我国农机装备水平得到了显著提升。新型农机具不断涌现，智能化、信息化技术在农机产品中得到广泛应用，使得农机作业更加精准、高效。同时，我国农机企业也加强了与国际先进技术的交流与合作，推动了农机产品的国际化发展。

（三）农机服务体系日益完善

我国农机服务体系不断完善，农机合作社、农机大户等新型农机服务组织蓬勃发展。这些组织为农民提供了全方位、多层次的农机服务，有效解决了农民在农机使用中的难题。同时，政府还加强了农机技术培训与推广，提高了农民对农机技术的掌握和应用能力。

（四）农业机械化区域发展均衡

我国农业机械化区域发展均衡性不断增强。在粮食主产区，农业机械化水平已经达到较高水平；在丘陵山区等农业机械化薄弱环节，政府也加大了扶持力度，推动了农业机械化水平的提升。此外，我国还加强了与国际农业机械化发展的交流与合作，借鉴国外先进经验，推动了我国农业机械化事业的全面发展。

二、装备结构不断优化

随着科技的不断进步和农业现代化战略的深入实施，我国农业机械化正呈现出蓬勃发展的态势。其中，农业机械基本装备结构的不断优化，成为这一过程中的显著特点，不仅提高了农业生产效率，也促进了农业生产的可持续发展。

（一）装备结构多样化与智能化

近年来，我国农业机械装备结构日趋多样化，从传统的耕作、播种、收割机械到现代化的灌溉、植保、养殖机械，各类农业机械应有尽有。同时，随着人工智能、物联网等技术的融入，农业机械的智能化水平也在不断提高。智能农机通过精准作业、数据分析等功能，有效提升了农业生产的精准度和效率。

（二）大型化与高效化

在农业机械装备结构上，大型化、高效化成为重要的发展趋势。大型农业机械具有作业效率高、覆盖面积广等优势，能够满足大规模农业生产的需要。同时，高效化的农业机械通过优化设计和技术创新，实现了能源的高效利用和作业效率的大幅提升。

（三）环保节能型农机推广

在农业机械化的推进过程中，环保节能型农机的推广使用成为一个重要方向。这类农机在设计和制造过程中，充分考虑了环保和节能的要求，通过采用新技术、新材料等手段，有效降低了能源消耗和排放，促进了农业生产的绿色发展。

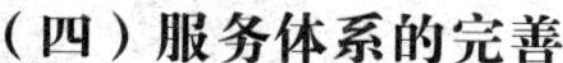

（四）服务体系的完善

随着农业机械化的深入发展，与之配套的服务体系也在不断完善。包括农机维修、保养、培训等服务在内的农机社会化服务体系，为农民提供了全方位、便捷化的服务，有效解决了农民在使用农业机械过程中的问题，进一步推动了农业机械化的健康发展。

（五）政策支持与引导

政府在农业机械化的发展过程中发挥了重要的政策支持和引导作用。通过制定和实施一系列政策措施，有效激发了农民购买和使用农业机械的积极性，推动了农业机械化的快速发展。

三、农机产品多元化

我国农业机械化正呈现出多元化发展的特点。这种多元化不仅体现在农机产品的种类繁多、功能齐全上，更体现在其适应不同地域、不同作物、不同生产模式的灵活性上。

（一）农机产品种类繁多

我国地域辽阔，气候条件多样，作物种类繁多，这决定了农业机械化需求的多样性。农机产品种类日益增多，涵盖了从耕种、播种、施肥、灌溉到收割、加工、储存等农业生产的全过程。从传统的拖拉机、收割机，到现代化的无人机、智能温室等，农机产品已经形成了一个庞大的家族。

（二）功能齐全且多样化

农机产品的功能也在不断丰富和拓展。除了基本的耕作、收割功能外，许多农机产品还具备了智能导航、精准施肥、节水灌溉等高级功能。这些功能的增加为农业可持续发展提供了有力支持。

（三）适应不同地域和生产模式

我国农业生产模式多样，既有大规模的农场经营，也有小规模的农户生产。同时，不同地域的气候、土壤等条件也各不相同。农机产品在设计时必须考虑这些差异，确保能够适应不同的地域和生产模式。例如，在山区和丘陵地区，农机产品需要具备更强的爬坡能力和稳定性；在平原地区，农机产品则需要具备更高的作业效率和作业质量。

（四）技术创新驱动发展

近年来，我国在农机领域取得了许多重大突破，如无人驾驶农机、精准农业技术等。这些技术的应用不仅提高了农机产品的智能化水平，也推动了农业生产方式的变革。同时，随着物联网、大数据等新一代信息技术的不断发展，农机产品将实现更加智能化、精准化的作业。

（五）绿色环保成为发展趋势

在推动农业机械化的过程中，我国也高度重视环保问题。许多农机产品在设计时都充分考虑了环保因素，采用了低排放、低噪声、低能耗的技术。同时，政府也出台了一系列政策措施，鼓励和支持农机企业研发和生产环保型农机产品。这些措施的实施将有助于推动农业机械化向绿色环保方向发展。

四、组织规模不断增长

我国农业机械化组织规模不断增长，成为推动农业高质量发展的重要力量。这一特点不仅体现在农业机械数量的增加上，更体现在农业机械组织化、规模化、智能化的全面发展上。

（一）农业机械数量与种类的快速增长

近年来，我国农业机械市场呈现出快速发展的态势，农业机械数量和种类快速增长。这得益于国家政策的支持和农民对机械化作业的认可。一方面，国家出台了一系列扶持政策，鼓励农民购买和使用农业机械，提高农业生产效率；另一方面，随着农民对机械化作业的认识加深，越来越多的农民选择使用农业机械进行农业生产，进一步推动了农业机械市场的发展。

（二）农业机械组织的规模化发展

随着农业机械数量的增加，农业机械组织也逐渐向规模化方向发展。农业机械化合作组织、农业机械化服务公司等组织形式不断涌现，这些组织通过整合农业机械资源，为农民提供全方位的机械化服务。这种规模化的发展模式不仅提高了农业机械的利用率，也降低了农民的生产成本，提高了农业生产效率。

（三）农业机械智能化水平不断提高

在农业机械组织规模不断增长的同时，越来越多的智能农业机械被应用于农业生产中，如智能播种机、智能收割机、智能灌溉系统等。这些智能农业机械通过运用现代信息技术，实现了对农业生产的精准控制和智能管理，提高了农业生产的智能化水平和科技含量。

（四）农业机械化的区域特色明显

我国地域广阔，地形地貌复杂多样，这决定了我国农业机械化发展的区域特色明显。在一些平原地区，由于地形平坦、耕作面积大，农业机械的使用更为普及和高效；而在一些丘陵山区，由于地形复杂、耕作面积小，农业机械的使用受到一定限制。在推进农业机械化过程中，需要充分考虑地域特点，因地制宜地选择适合的农业机械和技术。

（五）农业机械化的未来展望

随着科技的飞速发展和农业现代化的不断推进，农业机械化正迎来前所未有的发展机

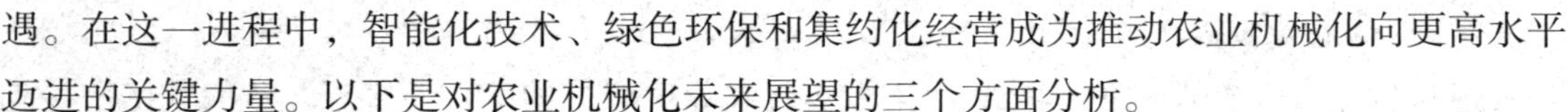

遇。在这一进程中，智能化技术、绿色环保和集约化经营成为推动农业机械化向更高水平迈进的关键力量。以下是对农业机械化未来展望的三个方面分析。

1. 智能化技术的应用

智能化技术正日益成为农业机械化的核心驱动力。通过引入人工智能、物联网、大数据等先进技术，未来的农业机械将具备更高的自动化和智能化水平。例如，智能农机能够实现自主导航、精准作业、数据收集与分析等功能，大幅提高农业生产效率和质量。同时，智能农机还能够根据土壤状况、作物生长情况等因素进行智能调控，实现精准施肥、灌溉和病虫害防治，减少资源浪费和环境污染。

此外，智能化技术还将推动农业生产的数字化转型。通过建立农业大数据平台，实现农业生产全过程的数字化管理和监控，为农业生产提供科学决策支持。这将有助于实现农业生产的精细化、标准化和智能化管理，推动农业向高质量发展迈进。

2. 绿色环保的发展方向

在农业机械化的未来发展中，绿色环保将成为重要的发展方向。随着全球气候变化和环境污染问题的日益严重，农业生产也面临着巨大的环境压力。未来的农业机械将更加注重环保和可持续发展。

一方面，绿色环保的农业机械将采用更加节能、环保的动力系统和材料。例如，采用电力、太阳能等清洁能源作为动力源，减少能源消耗和碳排放；采用可回收、可降解的材料制造农机具，减少环境污染和资源浪费。

另一方面，绿色环保的农业机械将更加注重生态系统的保护和修复。通过采用生态友好的耕作方式、节水灌溉技术和绿色防控手段等，减少农业生产对环境的负面影响。同时，农业机械还将积极参与生态系统的修复和重建工作，为农业生产的可持续发展提供有力支持。

3. 集约化经营的趋势

随着农业现代化的推进和市场竞争的加剧，集约化经营将成为农业机械化发展的重要趋势。集约化经营是指通过优化资源配置、提高生产效率和管理水平等方式，实现农业生产的高效益和可持续发展。

在农业机械化的未来发展中，集约化经营将主要体现在以下几个方面：

（1）规模化经营

通过扩大农业生产规模、优化产业结构等方式，实现农业生产的高效益和规模经济。这将有助于降低生产成本、提高产品质量和市场竞争力。

（2）标准化生产

通过制定和执行严格的农业生产标准和规范，确保农产品的质量和安全。这将有助于提升农产品的品牌价值和市场竞争力。

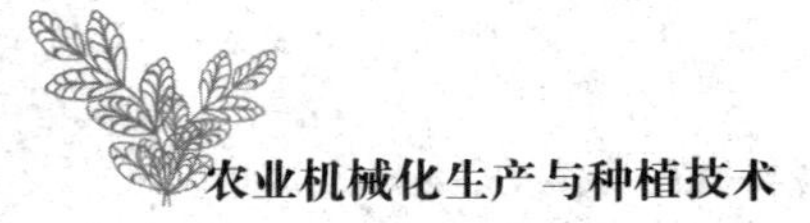

（3）产业化发展

通过推动农业产业链的整合和优化，实现农业生产、加工、销售等环节的紧密衔接和协同发展。这将有助于提高农业产业的综合效益和竞争力。

五、机械化发展效果明显

随着我国农业现代化的不断推进，农业机械化作为其中的重要一环，其发展效果尤为显著。近年来，我国农业机械化呈现出多个显著特点，这些特点不仅推动了农业生产的转型升级，也为实现乡村振兴和农业现代化奠定了坚实基础。

（一）农业机械化装备水平显著提升

我国农业机械化装备水平得到了显著提升。大型、高效、智能的农业机械不断涌现，如大型拖拉机、联合收割机、植保无人机等，这些机械在农业生产中发挥着越来越重要的作用。同时，农业机械的智能化、信息化水平也在不断提高，使农业生产更加精准与高效。

（二）农业机械化服务模式不断创新

在农业机械化发展过程中，我国积极探索并创新了多种服务模式。如“农机合作社＋农户”模式，通过组建农机合作社，将农机服务与农户需求有效对接，实现了农机资源的优化配置。此外，还有“互联网＋农机”模式，利用互联网技术实现农机服务的线上预约、线下服务等功能，提高了农机服务的便捷性和效率。

（三）农业机械化作业领域不断拓宽

我国农业机械化作业领域已经从传统的耕种、收割等生产环节向更广泛的领域拓展。如今，农业机械已经广泛应用于播种、施肥、灌溉、植保、收获等各个环节，实现了农业生产全过程的机械化。同时，随着设施农业的快速发展，农业机械化在温室大棚等设施农业领域也得到了广泛应用。

（四）农业机械化与绿色生产深度融合

在推动农业机械化发展的同时，我国也注重其与绿色生产的深度融合。通过推广节能减排、资源循环利用等绿色农机技术，减少农业生产过程中的能源消耗和环境污染。同时，利用农业机械进行秸秆还田、深松整地等作业，提高土壤肥力和保水能力。

六、市场化与社会服务的双重发展

随着科技的迅猛发展和社会的不断进步，我国农业机械化逐渐展现出其独特的发展特点，特别是朝着市场化和社会服务的方向迈进，为我国农业现代化注入了新的活力。

（一）农业机械化向市场化转型

农业机械化的市场化转型是我国农业发展的重要趋势之一。这一趋势主要体现在以下几个方面。

1. 农机产品市场化

随着市场需求的不断增长，农机产品逐渐由单一品种向多元化、系列化发展。农机生产企业根据市场需求，研发出适合不同地区、不同作物、不同作业需求的农机产品，提高了农机产品的适用性和市场竞争力。

2. 农机服务市场化

农机服务逐步向市场化转型。农机合作社、农机大户等新型农机服务组织不断涌现，他们通过提供农机作业、维修、培训等服务，满足了广大农户对农机服务的需求，同时也推动了农机服务市场的繁荣。

3. 农机购销市场化

农机购销市场也逐渐完善，形成了多层次的农机购销网络。农户可以通过农机市场、农机展会等渠道了解农机产品信息，购买到质优价廉的农机产品，为农业生产提供了有力保障。

（二）农业机械化推动社会服务发展

农业机械化的推进不仅提高了农业生产效率，还促进了社会服务的发展。具体表现在以下三个方面。

1. 促进农村就业

农业机械化的发展带动了农机生产、销售、服务等产业的兴起，为农村创造了大量的就业机会。许多农民通过参与农机作业、维修等服务，实现了就地就近就业，提高了收入水平。

2. 推动农村经济发展

农业机械化的推进加速了农村产业结构调整和优化，推动了农村经济的发展。农机服务组织通过提供农机作业服务，降低了农户的生产成本，提高了农产品的产量和质量，增强了农产品的市场竞争力。

3. 提升农业社会化服务水平

农机服务组织通过提供全方位、多层次的农机服务，满足了农户对农机服务的多样化需求，推动了农业社会化服务体系的完善和发展。

第五节　农业机械化发展的驱动因素

一、我国农业机械化发展的驱动因素分析

随着我国农业现代化的步伐不断加快，农业机械化已成为推动农业发展的重要力量。农业机械化的发展促进了农村经济的增长，对保障国家粮食安全、推动乡村振兴具有重大

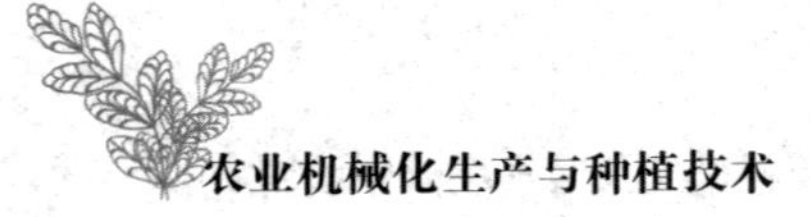

意义。下面将探讨我国农业机械化发展的主要驱动因素。

（一）经济因素

随着科技的不断进步和农业现代化的推进，农业机械化已经成为我国农业发展的重要方向。农业机械化不仅能够提高农业生产效率，减少人力成本，还能够提高农产品质量和农业竞争力。经济因素是推动农业机械化发展的重要驱动力之一，下面将从经济角度探讨我国农业机械化发展的驱动因素。

1. 农业生产经济效益的提升

农业机械化的发展能够显著提高农业生产的经济效益。传统的农业生产方式需要大量的人力投入，而农业机械化能够减少人力成本。同时，农业机械化还能够实现精准农业，提高农产品的产量和质量，从而增加农民的收入。随着农业生产经济效益的提升，农民对农业机械化的需求也会不断增加，进一步推动农业机械化的发展。

2. 农民收入水平的提高

农民收入水平的提高是农业机械化发展的重要经济因素之一。随着农村经济的发展和农民收入水平的提高，农民对农业机械化的需求也会逐渐增加。农民收入水平的提高可以促使农民更加注重农业生产的现代化和科学化，更加倾向于采用农业机械化技术来提高农业生产效率和产品质量。农民收入水平的提高是农业机械化发展的重要驱动力之一。

3. 农业产业结构调整的需求

随着农业产业结构的调整和升级，农业机械化在农业生产中的作用越来越重要。农业产业结构调整需要实现农业生产方式的转变，从传统的人力畜力生产方式向现代化的农业机械化生产方式转变。这种转变需要农民掌握先进的农业机械化技术。农业产业结构调整的需求也是农业机械化发展的重要经济因素之一。

经济因素是推动我国农业机械化发展的重要驱动力之一。农业生产经济效益的提升、农民收入水平的提高以及农业产业结构调整的需求都是推动农业机械化发展的重要经济因素。我们应该加强经济因素的研究和探讨，进一步推动我国农业机械化的发展。

（二）技术因素

农业机械化已经成为现代农业的重要标志，也是推动农业现代化和可持续发展的重要力量。在众多的驱动因素中，技术因素无疑是我国农业机械化发展的核心驱动力。

1. 技术创新引领农业机械化发展

技术创新是推动农业机械化发展的关键力量。随着智能化、自动化技术的快速发展，新型的农业机械设备不断涌现，极大地提高了农业生产效率。例如，无人驾驶的农机设备可以根据预设的路线自动完成播种、施肥、灌溉、收割等作业，提高了作业精度和效率。此外，智能农机还能够根据农田的实际情况进行智能决策，实现精准农业，从而提高农产品的产量和质量。

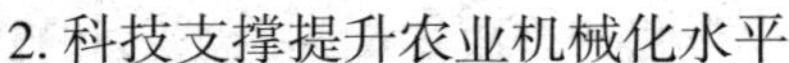

2. 科技支撑提升农业机械化水平

科技支撑是农业机械化发展的重要保障。我国已经建立了完善的农业机械化科技体系，涵盖了农业机械化装备的研发、生产、应用等各个环节。在科技创新的推动下，我国农业机械化装备的技术含量和性能不断提高，如大马力拖拉机、高效收割机、节水灌溉设备等，都已经达到了国际先进水平。这些高性能的农业机械化装备，为农业生产提供了强大的技术支持，推动了我国农业机械化水平的提升。

3. 信息技术促进农业机械智能化

信息技术的广泛应用，为农业机械智能化提供了可能。通过物联网、大数据、云计算等技术的应用，可以实现农机设备的远程监控、故障诊断和智能调度，从而实现对农机设备的智能化管理。此外，通过信息技术还可以实现农机设备的精准作业，如精准施肥、精准灌溉等，从而提高农业生产的效益和可持续性。

4. 技术人才培养强化农业机械化发展

技术人才的培养是农业机械化发展的重要基础。我国高度重视农业机械化技术人才的培养，通过加强农业机械化教育和培训，培养了一大批具有创新精神和实践能力的农业机械化技术人才。这些人才在农业机械化装备的研发、生产、应用等方面发挥着重要作用，为我国农业机械化的发展提供了有力的人才保障。

（三）政策因素

随着社会的不断进步和科技的飞速发展，我国农业机械化的发展已成为推动农业现代化、提高农业生产效率、促进农村经济发展的重要手段。政策因素在这一过程中无疑扮演了至关重要的角色。下面将深入探讨政策因素对我国农业机械化发展的驱动作用。

1. 政策扶持与引导

近年来，我国政府出台了一系列扶持政策，为农业机械化的发展提供了强大的动力。这些政策主要包括财政补贴、税收优惠、贷款支持等方面。通过财政补贴，农民在购买农业机械设备时可以享受一定的资金减免，降低了农业机械化设备的购置成本，提高了农民的购买意愿。同时，税收优惠和贷款支持也为农民提供了更多的资金支持，使得农民在购置和使用农业机械设备时更加便捷。

2. 农机购置与应用补贴

农机购置与应用补贴是我国政府推动农业机械化发展的重要举措之一。通过补贴政策，农民在购买和使用农业机械设备时可以享受一定的经济优惠，从而降低了农业生产成本，提高了农业生产效益。此外，政府还鼓励农机合作社、农机大户等新型农业经营主体积极购置和使用先进、适用的农业机械设备，推动农业机械化的规模化、集约化、标准化发展。

政策因素在我国农业机械化发展中起到了至关重要的驱动作用。通过政策扶持与引导、农机购置与应用补贴等措施，我国政府为农业机械化的发展提供了有力的支持和保障。未

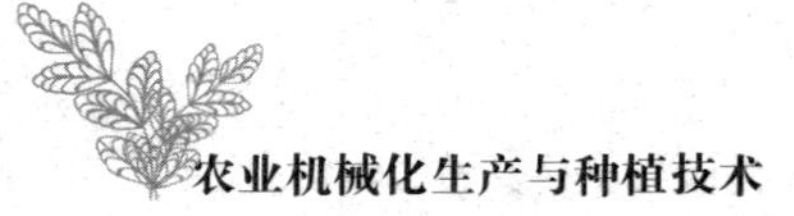

来，随着政策的不断完善和创新，我国农业机械化的发展将迎来更加广阔的空间和更加美好的未来。

（四）市场需求因素

随着我国农业现代化步伐的加快，农业机械化已成为推动农业生产方式转变、提升农业生产效率、促进农民持续增收的关键环节。市场需求因素在这一过程中发挥着至关重要的驱动作用。下面将从市场需求的角度，探讨我国农业机械化发展的驱动因素。

1. 农业现代化对农业机械的需求增加

农业生产方式正在发生深刻变革。传统的农业生产方式已经无法满足现代农业生产的需求，农民对高效、智能、环保的农业机械需求日益增加。农业机械化不仅可以提高农业生产效率,还可以改善农业生产环境,提高农产品质量,满足消费者对高品质农产品的需求。

2. 劳动力短缺推动农业机械替代

随着我国城市化进程的加快，大量农村劳动力向城市转移，导致农村劳动力短缺问题日益突出。这使得农业生产面临巨大的劳动力压力，农民迫切需要农业机械来替代人力劳动。农业机械化可以有效缓解劳动力短缺问题，降低农业生产对劳动力的依赖程度，推动农业生产向规模化、集约化、标准化方向发展。

3. 农作物多样化对农业机械的需求

随着农业结构的调整和农作物种类的多样化，不同作物对农业机械的需求也呈现多样化趋势。例如，谷物作物需要收割机械、播种机械等；果树作物需要果树修剪机械、采摘机械等；畜牧业需要养殖机械、饲料加工机械等。这些多样化的需求推动了农业机械市场的细分和专业化发展，为农业机械化提供了广阔的市场空间。

4. 农业规模化经营对农业机械的需求

随着我国农业规模化经营的推进，农民和农业企业对农业机械的需求也在不断增加。大规模农田、大规模养殖等需要更多的农业机械来提高效益。农业机械化可以实现农业生产的标准化、规模化和集约化，增强农业竞争力。

市场需求是我国农业机械化发展的重要驱动因素。农业现代化对农业机械的需求增加、劳动力短缺推动农业机械替代、农作物多样化对农业机械的需求以及农业规模化经营对农业机械的需求等，共同推动了我国农业机械化的发展。我国政府应加大政策支持力度，鼓励农业机械研发和生产企业加强技术创新和产业升级，提高农业机械的技术含量和效率。同时，加强农民技术培训和市场宣传，提高农民对农业机械的认知和使用能力，推动农业机械化在更广泛的领域得到应用和发展。

（五）环境因素

随着全球气候变化的挑战日益严峻,农业生产的可持续性和环境友好性变得愈发重要。

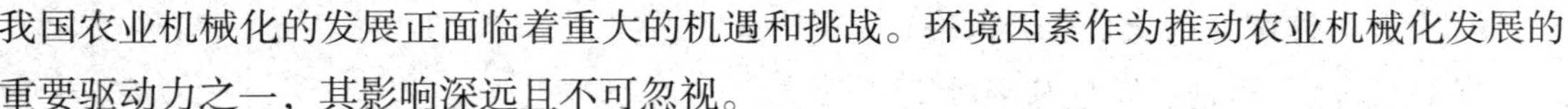

我国农业机械化的发展正面临着重大的机遇和挑战。环境因素作为推动农业机械化发展的重要驱动力之一，其影响深远且不可忽视。

1. 资源节约与高效利用

我国是一个人口众多、资源相对匮乏的国家，农业生产中的资源浪费和环境破坏问题尤为突出。农业机械化的发展，特别是高效节能的农业机械设备的应用，能够显著提高资源利用效率，减少浪费。例如，精准农业技术通过智能化、自动化的农业机械设备，实现精准播种、施肥、灌溉和收获，有效减少了化肥、农药和水的使用量，降低了对环境的污染。

2. 生态保护与修复

农业机械化的发展还能促进生态保护与修复。传统的农业生产方式往往对土地、水源等自然资源造成破坏，而现代化的农业机械设备则可以通过科学规划和技术手段，实现生态保护和修复。例如，通过农业机械化设备对农田进行深耕、松土、翻耕等作业，可以改善土壤结构，提高土壤肥力和保水能力；同时，通过农业机械化设备对农田进行秸秆还田、绿肥种植等作业，可以增加土壤有机质含量，促进土壤生态系统的恢复和稳定。

3. 应对气候变化

气候变化对农业生产的影响日益严重，而农业机械化的发展可以为应对气候变化提供有力支持。一方面，农业机械化设备可以提高农业生产效率，减少劳动力投入，从而减轻气候变化对农业生产的冲击；另一方面，农业机械化设备还可以实现精准农业管理，通过智能化、自动化的技术手段，提高农作物的抗灾能力和适应性，从而应对气候变化带来的挑战。

经济、技术、政策、市场需求和环境因素是我国农业机械化发展的主要驱动因素。这些因素的相互作用和相互促进，为我国农业机械化的发展提供了有力的支持。未来，我国农业机械化发展将继续保持强劲势头，为推进农业现代化、实现乡村振兴做出更大贡献。

二、提高农业机械化水平的有效策略

（一）有针对性地调整各地区产业结构

随着科技的不断发展和全球农业竞争的加剧，提高农业机械化水平已成为推动农业现代化、提升农业生产效率和保障国家粮食安全的关键措施。而要实现农业机械化的有效提升，必须结合各地区的实际情况，有针对性地调整产业结构，以充分发挥农业机械在农业生产中的优势。

1. 产业结构调整的必要性

农业机械化的发展离不开产业结构的优化。传统的农业产业结构往往以种植和养殖为主，机械化水平低，难以满足现代农业发展的需求。通过调整产业结构，推动农业生产向规模化、标准化、专业化方向发展，是提高农业机械化水平的必由之路。

2. 有针对性调整产业结构的策略

（1）深入了解地区特色和资源禀赋

不同地区的气候、土壤、水资源等自然条件各异，决定了其农业生产的特色和优势。在调整产业结构时，应充分考虑这些自然条件，选择适合当地发展的农业产业，如特色种植、畜牧养殖、水产养殖等。同时，还要结合当地的经济基础、市场需求等因素，制订科学合理的产业发展规划。

（2）推广适合机械化作业的农业技术

在产业结构调整过程中，应大力推广适合机械化作业的农业技术，如节水灌溉、精准施肥、智能管理等。这些技术的应用不仅可以提高农业生产效率，还可以降低生产成本，增加农民收入。同时，还要加强农机与农艺的结合，研发适合当地农业生产的农机具，提高农业机械的适应性和普及率。

（3）发展农业产业化经营

农业产业化经营是实现农业现代化的重要途径。通过发展农业产业化经营，可以将农业生产的各个环节紧密联系起来，提高农业的综合效益。在产业结构调整中，应鼓励和支持农民合作社、家庭农场等新型农业经营主体的发展，推动农业生产的规模化、标准化、专业化。同时，还要加强农产品加工和流通体系建设，提高农产品的附加值和市场竞争力。

（4）加强政策扶持和资金投入

政府在产业结构调整中应发挥重要作用。一方面，要制定相关政策措施，如财政补贴、税收优惠等，鼓励农民和农业企业积极参与产业结构调整。另一方面，还要加大资金投入力度，支持农业基础设施建设、农机购置补贴、农业科技创新等项目的实施。同时，还要加强金融服务和保险保障，为农业产业结构调整提供有力支持。

提高农业机械化水平是推动农业现代化、提升农业生产效率和保障国家粮食安全的重要措施。通过有针对性地调整各地区的产业结构，可以充分发挥农业机械在农业生产中的优势，推动农业生产的规模化、标准化、专业化发展。同时，还需要加强政策扶持和资金投入力度，为农业机械化水平的提升提供有力保障。

（二）加强农业机械化基础设施建设

随着科技的不断进步和现代农业的快速发展，农业机械化已成为推动农业增效、农民增收的重要力量。然而，我国农业机械化水平仍存在区域发展不平衡、基础设施不完善等问题，制约了农业现代化进程。加强农业机械化基础设施建设，成为当前提升农业机械化水平的有效策略。

1. 农业机械化基础设施建设的重要性

农业机械化基础设施是农业机械化发展的基石，它包括农田机耕道、农机具停放场、农机维修站点等硬件设施，以及农机信息化平台、农机作业服务体系等软件设施。完善的

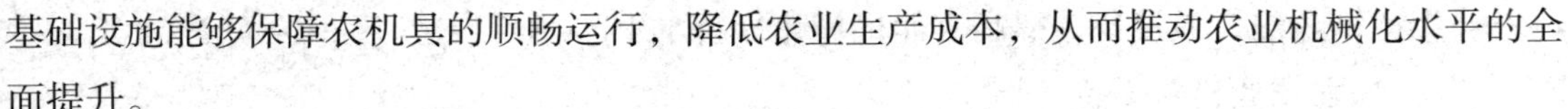

基础设施能够保障农机具的顺畅运行，降低农业生产成本，从而推动农业机械化水平的全面提升。

2. 加强农业机械化基础设施建设的策略

（1）加大政府投入力度

政府应充分发挥主导作用，将农业机械化基础设施建设纳入农业发展规划和财政预算，加大资金投入力度。同时，引导社会资本参与农业机械化基础设施建设，形成多元化投入机制。

（2）完善农田机耕道网络

农田机耕道是农机具进入农田的重要通道，其建设水平直接影响农机作业效率。应加大农田机耕道的建设力度，完善路网结构，提高道路质量，确保农机具能够顺利进入农田。

（3）建设农机具停放场和维修站点

农机具停放场和维修站点是保障农机具正常运行的重要设施。应合理规划农机具停放场和维修站点的布局，完善设施设备，提高服务质量，为农机具的安全停放和及时维修提供保障。

（4）构建农机信息化平台

信息化是现代农业发展的重要趋势，也是提升农业机械化水平的重要手段。应构建农机信息化平台，实现农机具的远程监控、作业调度、数据分析等功能，提高农机作业的智能化、精准化水平。

（5）培育农机作业服务组织

农机作业服务组织是农业机械化发展的重要力量。应培育壮大农机作业服务组织，提高服务能力和服务质量，为农民提供全方位、多层次的农机作业服务。

加强农业机械化基础设施建设是提升农业机械化水平的有效策略。通过加大政府投入力度、完善农田机耕道网络、建设农机具停放场和维修站点、构建农机信息化平台以及培育农机作业服务组织等措施，可以全面提升农业机械化水平。

（三）充分发挥农业机械设备的作用

1. 认识农业机械设备的重要性

农业机械设备是现代农业发展的基础，它们能够极大地提高农业生产效率，保障农产品质量和产量。同时，农业机械设备也是农业科技创新的重要载体，是实现农业现代化、智能化的关键。

2. 加强农业机械设备的应用与推广

（1）推广新型高效农业机械设备

政府应加大对新型高效农业机械设备的扶持力度，鼓励农机生产企业研发更多适合当

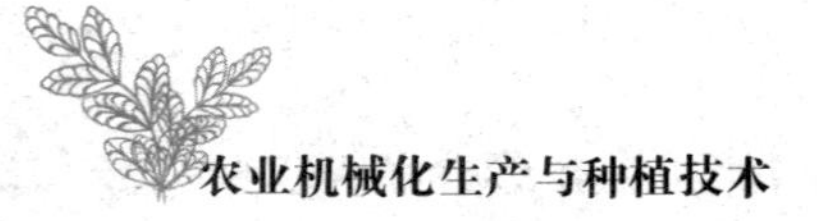

地农业生产实际的机械设备，提高农业机械化装备水平。

（2）加强农业机械设备培训

针对农民普遍缺乏农业机械设备使用和维护技能的问题，应加强对农民的培训，提高他们的操作技能和维护能力，确保农业机械设备能够得到有效利用。

（3）建立农业机械设备服务体系

建立健全农业机械设备服务体系，为农民提供及时、有效的技术支持和服务，解决农民在使用农业机械设备过程中遇到的问题和困难。

3. 优化农业机械设备的使用环境

（1）加强农田基础设施建设

通过改善农田水利、道路等基础设施条件，为农业机械设备的使用提供便利条件，降低农业机械设备的运行成本。

（2）推广农业机械化耕作模式

结合当地农业生产实际，推广适合当地农业机械化耕作的种植模式和耕作制度，提高农业机械设备的利用效率。

（3）加强农业机械设备与信息技术的融合

利用现代信息技术手段，实现农业机械设备与信息技术的融合，提高农业机械设备的智能化水平，为农业生产提供更加精准、高效的服务。

4. 完善农业机械化政策扶持体系

（1）加大财政扶持力度

政府应加大对农业机械化发展的财政扶持力度，为农民购买、使用和维护农业机械设备提供资金支持和政策优惠。

（2）完善农业机械化法律法规

建立健全农业机械化法律法规体系，规范农业机械设备的生产、销售和使用行为，保障农民的合法权益。

（3）建立农业机械化发展激励机制

通过设立奖励基金、举办农业机械化竞赛等方式，激励农民积极使用农业机械设备，提高农业机械化水平。

农业机械化是现代农业发展的重要标志之一。通过加强农业机械设备的应用与推广、优化农业机械设备的使用环境、完善农业机械化政策扶持体系等措施，可以充分发挥农业机械设备的作用，提高农业机械化水平，推动现代农业的发展。同时，我们也需要不断探索和创新农业机械化发展的新思路、新模式，为农业现代化的实现贡献更大的力量。

第四章　我国农业机械化发展的路径

第一节　我国农业技术装备需求分析

一、我国种植生产技术装备需求分析

随着全球人口的增长和人们生活水平的提高，人们对农产品的需求也在不断增加。同时，城市化进程的加快和土地资源的有限性使得传统农业面临着巨大的挑战。农业种植生产技术的创新和装备的升级显得尤为重要。下面旨在分析当前我国农业种植生产技术装备的需求情况，并探讨其发展趋势。

（一）种植生产技术装备的现状

近年来，我国农业科技事业取得了长足进步，农业科技整体水平已迈入世界第一方阵。在农业种植生产技术装备方面，我国已经拥有了一批较为先进的装备和技术，如智能农机、精准农业技术、无人机等。这些装备和技术在农业生产中发挥了重要作用，有效提高了农业生产效率和产量。

然而，与发达国家相比，我国农业种植生产技术装备还存在一些短板。例如，部分地区的农机装备水平仍然较低，无法满足现代农业生产的需要；精准农业技术的普及程度还不够高，很多农民对新技术了解不够，应用水平有待提高；农业大数据的收集和分析能力还有待加强，为农业生产提供决策支持的提升空间还较大。

（二）种植生产技术装备的需求分析

1. 智能农机需求增加

随着科技的进步和劳动力成本的上升，智能农机在农业生产中的需求越来越大。智能农机具备自动化、智能化的特点，可以大幅度提高农业生产效率，降低劳动成本。未来，随着农业机器人技术的快速发展，农业机器人将在农业生产中发挥更加重要的作用。

2. 精准农业技术需求迫切

精准农业技术是现代农业发展的重要趋势之一。通过利用先进的传感器、无人机等技术，农民可以实时监测土壤、气候等农业生产环境，为农作物提供精确的种植建议。这不仅可以提高农作物的产量和质量，还可以减少资源的浪费和环境的污染。精准农业技术的需求非常迫切。

3. 农业大数据应用需求广泛

农业大数据是现代农业发展的重要基础。通过收集、分析大数据，可以为农民提供决策支持和精准农业服务。例如，利用气象数据和作物生长数据，预测气候变化对农作物产量的影响，为农民提供准确的农业灾害预警。此外，在优化种植结构、提高农业生产效率等方面，农业大数据的应用需求也非常广泛。

（三）种植生产技术装备的发展趋势

在当前的农业种植技术装备发展中，智能化、精准化和大数据应用成为三大主要趋势。

1. 智能化水平不断提高

智能化是农业种植技术装备发展的核心驱动力。传统的农业种植方式依赖人力和经验，效率低下且难以保证产量和品质。而智能化技术的应用，使得农业种植变得更加智能、高效和精准。例如，智能灌溉系统可以根据土壤湿度、作物生长状况和气象数据等信息，自动调节灌溉水量和时间，实现精准灌溉，既节约了水资源，又提高了作物产量。此外，智能农机具如无人机、智能收割机等也大大减轻了农民的劳动强度，提高了工作效率。

2. 精准化程度不断提升

精准化是农业种植技术装备发展的另一个重要趋势。随着精准农业技术的不断发展，农业种植过程中的每一个环节都可以实现精准控制和管理。精准播种技术可以根据土壤肥力和作物品种等因素，确定最佳的播种密度和播种深度，实现种子的均匀分布和充分利用。精准施肥技术则可以根据作物需求和土壤养分状况，实现精准施肥，既保证了作物生长所需的营养，又避免了肥料的浪费和环境污染。此外，精准病虫害防治技术也可以通过监测病虫害的发生和发展趋势，实现精准防治，减少化学农药的使用量，降低对环境和人体的危害。

3. 大数据应用更加广泛

大数据是农业种植技术装备发展的重要支撑。随着云计算、物联网等技术的不断发展，大数据在农业种植中的应用越来越广泛。通过收集和分析大量的农业数据，可以实现对农业生产的全面监测和精准管理。例如，通过大数据分析可以预测农作物的生长状况和产量情况，为农民提供科学的种植建议和管理方案。同时，大数据还可以帮助农民了解市场需求和价格趋势等信息，为农产品的销售和品牌建设提供有力支持。此外，大数据还可以用于农业保险、农业金融等领域，为农民提供更加全面和便捷的服务。

二、我国畜牧业生产技术装备需求分析

随着我国经济的持续发展和人民生活水平的不断提高，畜牧业作为农业的重要组成部分，其生产技术装备的需求也日益增长。当前，我国畜牧业正面临着从传统养殖向现代化、智能化养殖转型的关键时期，对生产技术装备的需求呈现出多元化、高效化、环保化的特点。下面将从市场需求、技术标准、技术升级和应用推广等方面，对我国畜牧业生产技术装备的需求进行深入分析。

（一）市场需求分析

1. 规模化、产业化发展需求

随着畜牧业向规模化、产业化方向发展，对生产技术装备的需求也日益增加。这些装备不仅要能够满足大规模养殖的需要，还要能够提高养殖效率，降低养殖成本，实现资源的优化配置。

2. 高效化、智能化需求

畜牧业生产技术装备正逐步向高效化、智能化方向发展。高效化的装备能够显著提高养殖效率，智能化的装备则能够降低人工成本，提高养殖管理的科学性和精准性。

3. 环保化、可持续化需求

在环保意识日益增强的今天，畜牧业生产技术装备也需要满足环保化和可持续化的要求。这些装备应该能够减少养殖过程中对环境的污染，实现养殖业的绿色发展和可持续发展。

（二）技术标准分析

1. 标准化生产需求

随着畜牧业的不断发展，对生产技术装备的标准化生产需求也越来越高。标准化的生产能够提高装备的可靠性和稳定性。

2. 装备性能要求

在技术标准方面，畜牧业生产技术装备需要具备高效、节能、环保等性能要求。这些性能要求不仅能够满足畜牧业的生产需求，还能够促进畜牧业的可持续发展。

（三）技术升级和应用推广

1. 技术升级需求

为了满足市场需求和技术标准的要求，畜牧业生产技术装备需要进行不断的技术升级。这些升级包括提高装备的自动化程度、智能化水平、环保性能等方面，以满足畜牧业生产的需要。

2. 应用推广需求

在技术升级的同时，还需要加强畜牧业生产技术装备的应用推广。通过推广先进的生

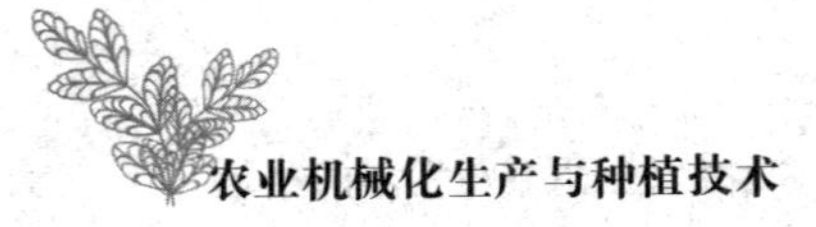

产技术装备，可以促进畜牧业的转型升级和可持续发展。同时，应用推广还能够提高畜牧业的生产效率和产品质量，满足市场需求。

我国畜牧业生产技术装备的需求呈现出多元化、高效化、环保化的特点，需要加强畜牧业生产技术装备的研发和应用推广，提高装备的自动化程度、智能化水平和环保性能。同时，还需要加强畜牧业的标准化生产和技术创新，促进畜牧业的可持续发展。只有这样，才能够满足市场需求，提高畜牧业的生产效率和产品质量，为我国的经济发展做出更大的贡献。

三、我国农业加工生产技术装备需求分析

随着我国农业现代化的不断推进，农业加工生产技术装备作为提高农业生产效率和产品质量的重要工具，其需求日益凸显。本节旨在分析我国农业加工生产技术装备的现状，探讨其需求趋势，并给出相应的建议。

（一）农业加工生产技术装备现状分析

目前，我国农业加工生产技术装备已取得长足发展，尤其在自动化、智能化和绿色化方面取得了诸多成果。然而，与发达国家相比，我国农业加工生产技术装备仍存在不足之处，主要表现在以下三个方面。

1. 技术水平相对较低

虽然我国农业加工生产技术装备在自动化和智能化方面有所突破，但整体技术水平仍与发达国家存在差距，尤其是在高端装备和核心技术方面。

2. 创新能力不足

我国农业加工生产技术装备的创新能力相对较弱，缺乏自主知识产权的核心技术，导致部分高端装备仍依赖进口。

3. 装备结构不合理

我国农业加工生产技术装备的结构不够合理，部分低端产能过剩，而高端装备供给不足，难以满足农业转型升级的需求。

（二）农业加工生产技术装备需求

1. 自动化和智能化需求

我国对农业加工生产技术装备的自动化和智能化需求日益增加。自动化和智能化技术可以提高生产效率，减少人为因素对产品质量的影响。

2. 绿色化需求

随着人们环保意识的提高，对农业加工生产技术装备的绿色化需求也越来越强烈。绿色化技术可以降低能源消耗，减少废弃物排放，符合可持续发展的要求。

3. 高端化和个性化需求

随着消费者需求的多样化和个性化，对农产品加工品的要求也越来越高。这要求农业

加工生产技术装备具备更高的加工精度和更丰富的加工功能，以满足不同消费者的需求。

（三）建议与展望

1. 加强技术创新

加大科研投入，加强技术创新，提高我国农业加工生产技术装备的技术水平和核心竞争力。

2.优化装备结构

调整农业加工生产技术装备的结构，淘汰低端产能，发展高端装备，提高装备的整体性能和效率。

3. 加强国际合作

加强与国际先进企业的合作与交流，引进先进技术和管理经验，提高我国农业加工生产技术装备的国际竞争力。

四、我国农业资源保护与利用技术装备需求分析

随着人口增长、城市化进程的加速以及经济全球化的深入发展，我国农业资源的保护和利用面临着前所未有的挑战。农业资源作为国家战略资源的重要组成部分，其保护和利用不仅关系到农业生产的可持续发展，更与国家的粮食安全、生态安全和经济发展息息相关。加强农业资源保护与利用技术装备的研发与应用，对于提升我国农业资源利用效率、保障国家粮食安全、促进农业可持续发展具有重要意义。

（一）农业资源保护现状分析

我国农业受到气候变化、生态环境破坏、不合理的耕作方式等因素的影响，一些重要的农业种质资源正在加速丧失，部分资源濒临灭绝。同时，农业资源的保护与利用工作存在投入不足、重视不够、利用程度不深等问题。这些问题严重制约了我国农业资源的可持续利用和农业生产的发展。

（二）农业资源保护技术装备需求分析

1. 种质资源保护技术装备

种质资源是农业生产的基础，其保护与利用对于保障国家粮食安全和农业可持续发展具有重要意义。针对种质资源保护的需求，应研发和应用先进的种质资源收集、保存、评价和利用技术装备，如基因测序仪、组织培养系统、生物信息学分析软件等，以提高种质资源的保护效率和利用水平。

2. 土地资源保护技术装备

土地资源是农业生产的重要载体，其保护和合理利用对于提高农业生产效率和保障粮食安全具有重要意义。针对土地资源保护的需求，应研发和应用先进的土地监测、评估、修复和改良技术装备，如遥感监测技术、地理信息系统、土壤修复技术等，以提高土地资源的保护效果和利用效率。

3. 水资源保护技术装备

水是农业生产的命脉，其保护和合理利用对于保障农业生产具有重要意义。针对水资源保护的需求，应研发和应用先进的水资源监测、管理、节水灌溉和污水处理技术装备，如智能灌溉系统、雨水收集利用系统、污水处理设备等，以提高水资源的利用效率和水质安全。

（三）农业资源利用技术装备需求分析

1. 智能农机装备

随着信息技术和智能化技术的发展，智能农机装备已经成为现代农业生产的重要工具。智能农机装备具有自动化、智能化、精准化等特点，能够显著提高农业生产效率和资源利用效率。应加强智能农机装备的研发与应用，以满足现代农业生产的需求。

2. 绿色农业生产技术装备

绿色农业生产技术装备是实现农业可持续发展的关键。绿色农业生产技术装备包括生态农业、有机农业、循环农业等方面的技术装备，如生物农药、生物肥料、生态修复技术等。这些技术装备能够减少化肥、农药的使用量。

3. 农业废弃物资源化利用技术装备

农业废弃物是农业生产过程中产生的废弃物，其资源化利用对于减少环境污染、提高资源利用效率具有重要意义。针对农业废弃物资源化利用的需求，应研发和应用先进的农业废弃物处理技术装备，如生物质能转化技术、有机肥料生产技术等，以实现农业废弃物的资源化利用和减量化处理。

五、我国精准农业技术装备需求分析

随着科技的飞速发展和农业现代化的不断推进，精准农业技术装备已成为我国农业发展的重要支撑。精准农业技术装备通过运用现代信息技术、传感器技术、通信技术和控制技术等，实现了对农田的精细化管理、精确化耕作和智能化决策。下面将对我国精准农业技术装备的需求进行深入分析。

（一）精准农业技术装备的市场需求背景

1. 劳动力短缺

随着城市化进程的加快，农村劳动力流失严重，导致农业生产面临劳动力不足的困境。精准农业技术装备的应用可以有效弥补劳动力短缺。

2. 农产品质量和产量要求提高

随着人们生活水平的提高，对农产品质量和产量的要求也越来越高。精准农业技术装备的应用可以通过精确施肥、灌溉和病虫害防治等手段提高农产品的质量和产量。

3. 可持续农业发展需求

传统农业生产模式对土壤、水资源等环境造成了一定的压力。精准农业技术装备的应

用有助于实现可持续农业发展，减少对自然资源的消耗。

（二）精准农业技术装备的需求分析

1. 精准播种与施肥技术

随着种子和肥料价格的上涨，农民对精准播种和施肥技术的需求越来越高。精准播种技术可以根据农田的实际情况，实现种子的精确投放，提高种子的利用率；精准施肥技术可以根据作物生长的需要，实现肥料的精确投放，减少肥料的浪费。

2. 精准灌溉技术

我国水资源短缺，农业灌溉用水占比较大。精准灌溉技术可以通过监测土壤湿度和作物需水量，实现精确灌溉，减少水资源的浪费。同时，精准灌溉技术还可以根据天气和作物生长情况，保证作物生长所需的水分。

3. 精准植保技术

病虫害是农业生产中的一大难题。精准植保技术可以通过监测病虫害的发生情况，实现精确施药，减少农药的使用量，提高施药效果。同时，精准植保技术还可以利用生物防治等手段保护农作物生长。

4. 农业物联网技术

农业物联网技术是将物联网技术应用于农业生产中，实现对农田环境、作物生长情况等信息的实时监测和数据分析。通过农业物联网技术，农民可以及时了解农田情况，制订科学的生产计划和管理措施。

（三）我国精准农业技术装备的发展趋势

1. 技术创新

随着科技的不断发展，精准农业技术装备将不断实现技术创新和突破。未来，精准农业技术装备将更加智能化、自动化和高效化，为农业生产提供更加精确、便捷和高效的支持。

2. 融合发展

精准农业技术装备将与信息技术、生物技术等其他领域的技术进行融合发展，形成更加完善的技术体系。通过融合发展，精准农业技术装备将更好地满足农业生产的需求，推动农业现代化的发展。

3. 政策支持

政府将加大对精准农业技术装备的支持力度，制定更加优惠的政策和措施，鼓励企业加大研发投入，推动精准农业技术装备的发展和应用。同时，政府还将加强农民的培训和教育，提高农民对精准农业技术装备的认识和使用能力。

我国精准农业技术装备市场需求广阔，发展潜力巨大。未来，随着科技的不断进步和政策的支持，精准农业技术装备将在农业生产中发挥更加重要的作用，推动我国农业现代化的进程。

第二节　区域农业机械化发展重点选择

一、我国区域农业机械化发展的战略选择

随着我国经济的持续发展和农业现代化步伐的加快，农业机械化已成为提升农业生产效率、推动农村经济发展的重要手段。然而，由于地理、经济、文化等多方面的差异，我国农业机械化发展呈现出明显的区域性特点。制定符合各地区实际情况的农业机械化发展战略，对于促进区域农业均衡发展具有重要意义。

（一）我国区域农业机械化发展现状

我国不同地区的气候、土壤、水资源等自然条件差异显著，农业生产方式和种植结构也各不相同。这种差异性导致了我国农业机械化发展的不均衡性。一方面，一些地区由于经济条件较好、农业基础设施完善，农业机械化水平较高；另一方面，一些地区由于自然条件恶劣、经济落后，农业机械化水平较低。

（二）区域农业机械化发展的战略选择

1. 因地制宜，制定差异化发展战略

针对我国农业机械化发展的区域差异，应因地制宜，制定差异化发展战略。对于自然条件优越、经济发达的地区，应重点发展高效、智能的农业机械装备，提升农业生产自动化、信息化水平；对于自然条件较差、经济落后的地区，应重点发展适应性强、操作简便的农业机械装备，满足当地农业生产的基本需求。

2. 加强技术创新，推动农业机械化升级

技术创新是推动农业机械化发展的重要动力。应加强农业机械技术研发，推动农业机械化技术升级。同时，应鼓励农业机械企业加强与高校、科研机构的合作，共同开展技术创新和产品研发，提高农业机械的智能化、自动化水平。

3. 完善农业机械化服务体系，提升服务水平

农业机械化服务体系的完善对于提升农业机械化水平至关重要。应建立健全农业机械化服务体系，包括农业机械维修、保养、租赁、培训等服务。同时，应加强农业机械服务人员的培训和管理，提高服务质量和服务水平。

4. 加强政策扶持，推动农业机械化发展

政府应加强对农业机械化发展的政策扶持力度，包括财政补贴、税收优惠、贷款支持等方面。同时，应完善相关法律法规和标准体系，规范农业机械市场秩序，保障农业机械使用者的合法权益。

二、我国主要农业地区农业机械化发展重点

（一）冀鲁豫平原地区农业装备的发展

冀鲁豫平原，作为我国的重要粮食生产基地，其农业机械化发展对于提高农业生产效

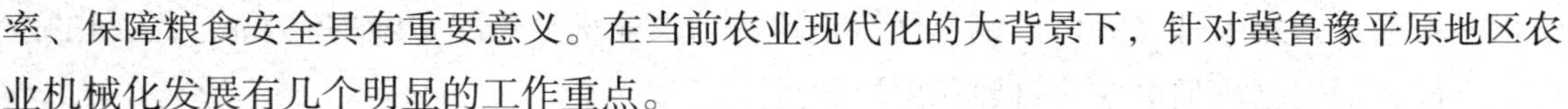

率、保障粮食安全具有重要意义。在当前农业现代化的大背景下，针对冀鲁豫平原地区农业机械化发展有几个明显的工作重点。

1. 提升农业机械化装备水平

冀鲁豫平原地区地势平坦，土地肥沃，有利于大型农业机械的作业。提升农业机械化装备水平是农业机械化发展的首要任务。这包括引进和推广大马力、高性能的拖拉机、联合收割机、水稻栽植机等关键农机装备，以及精准农业所需的智能农机装备。通过提升装备水平，可以实现农机作业的规模化、高效化，从而提高农业生产效率。

2. 优化农业机械化作业模式

在提升装备水平的基础上，优化农业机械化作业模式也是农业机械化发展的重要方向。这包括推进全程机械化作业，实现农机作业从产前、产中到产后的全覆盖；推广农机农艺融合技术，实现作物品种、栽培技术与农机装备的有机结合；发展农机服务组织，提升农机社会化服务能力，满足农户对农机作业的需求。通过优化作业模式，可以进一步提高农机作业的效率和质量，降低农业生产成本。

3. 加强农业机械化技术创新

冀鲁豫平原地区应加强农业机械化技术创新，特别是在智能农机、精准农业等领域。通过引进和培育农机科技创新人才，加强与高校、科研机构的合作，推动农业机械化技术的研发和应用。同时，还应加强农机技术的培训和推广，提高农民对先进农机技术的认知和应用能力。

4. 完善农业机械化服务体系

完善的农业机械化服务体系是保障农业机械化顺利发展的重要保障。冀鲁豫平原地区应加强农业机械化服务体系建设，包括加强农机维修服务、农机配件供应、农机作业信息发布等服务。同时，还应加强农机服务组织的建设和管理，提高服务质量和服务效率。通过完善服务体系，可以进一步推动农业机械化的发展和应用。

5. 强化政策支持和资金保障

政策支持和资金保障是推动农业机械化发展的重要保障。冀鲁豫平原地区应加大对农业机械化发展的政策支持力度，包括财政补贴、税收优惠、贷款支持等政策措施。同时，还应加强资金保障，提高农业机械化发展的投入水平。通过强化政策支持和资金保障，可以进一步激发农民和农机企业的积极性，推动农业机械化的发展和应用。

总之，冀鲁豫平原地区农业机械化发展的重点包括提升装备水平、优化作业模式、加强技术创新、完善服务体系和强化政策支持等方面。通过这些措施的实施，可以进一步推动农业机械化的发展和应用，保障粮食安全。

（二）辽宁、吉林、黑龙江、新疆、内蒙古大平原地区农业机械化发展重点

我国的大平原地区——辽宁、吉林、黑龙江、新疆、内蒙古等地的农业机械化发展已

步入关键时期。这些地区地域广阔、地势平坦，为农业机械化的实施提供了得天独厚的条件。下面将探讨这些地区农业机械化发展的重点。

1. 加强基础设施建设，提升机械化作业能力

基础设施是农业机械化发展的基石。辽宁、吉林、黑龙江等地作为我国的主要粮食生产基地，应进一步加大农田水利、道路等基础设施建设力度，确保农机能够顺利进入田间地头，提高机械化作业效率。同时，新疆、内蒙古等草原牧区也应加强草原改良、围栏建设等基础设施，为畜牧业机械化发展提供有力保障。

2. 推进农机装备智能化、绿色化

智能化、绿色化是农业机械化发展的重要方向。这些地区应积极引进和推广智能化农机装备，如无人驾驶拖拉机、智能播种机、精准施肥机等，提高农机作业的精准度和效率。同时，注重农机装备的节能减排，推广使用低能耗、低排放的农机产品，促进农业绿色可持续发展。

3. 优化农机装备结构，提升农机作业质量

针对不同地区的农业生产特点，应优化农机装备结构，提升农机作业质量。在粮食主产区应重点发展大型、高效、智能的农机装备，如大型拖拉机、联合收割机等，提高粮食生产的全程机械化水平。在草原牧区，应发展适合草原放牧的畜牧机械，如牧草收割机、饲草加工机械等，提升畜牧业机械化水平。

4. 加强农机社会化服务体系建设

农机社会化服务是农业机械化发展的重要支撑。这些地区应加强农机社会化服务体系建设，培育壮大农机服务组织，提高农机服务的覆盖面和质量。通过开展农机作业托管、代耕代种等服务，将先进适用的农机技术传递给广大农户。

5. 强化政策支持，促进农业机械化发展

政策支持是农业机械化发展的重要保障。政府应加大对农业机械化发展的支持力度，制定和完善相关政策措施，降低农户使用农机的成本。同时，加强农机技术推广和培训力度，提高农民使用农机的技能和水平。

辽宁、吉林、黑龙江、新疆、内蒙古等大平原地区在农业机械化发展方面具有得天独厚的优势。通过加强基础设施建设、推进农机装备智能化绿色化、优化农机装备结构、加强农机社会化服务体系建设以及强化政策支持等措施的实施，将有力推动这些地区农业机械化水平的提升和农业现代化的进程。

三、我国长江中下游南方水稻产区农业机械化发展的重点

在我国，水稻是主要的粮食作物之一，特别是在长江中下游地区，水稻的种植面积和产量均占据重要地位。然而，长期以来，南方水稻产区的农业生产方式相对传统，机械化水平较低，这不仅影响了生产效率，也增加了农民的劳动强度。加快南方水稻产区的农业

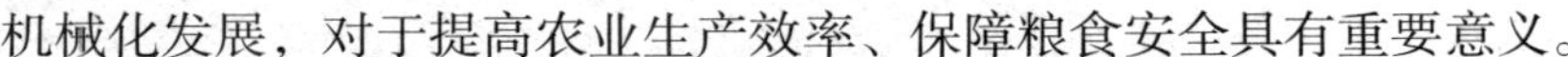

机械化发展，对于提高农业生产效率、保障粮食安全具有重要意义。

（一）南方水稻产区农业机械化发展的现状

目前，我国南方水稻产区的农业机械化发展已经取得了一定成效，但仍然存在一些问题。一方面，由于南方地区地形复杂，水稻种植多采用小田块、多品种的方式，这给机械化作业带来了一定困难；另一方面，部分农民对机械化种植的认识不足，缺乏相关的技术和管理经验，也制约了机械化的发展。

（二）南方水稻产区农业机械化发展的重点

1. 加强政策支持与引导

政府应出台相关政策鼓励和支持农民使用机械化设备进行水稻种植。例如，加大对农机购置的补贴力度，降低农民购机成本；加强农机技术培训，提高农民使用机械化设备的能力；建立农机服务组织，为农民提供机械化种植的技术指导和服务等。

2. 推动农机装备创新升级

针对南方水稻产区地形复杂、品种多样的特点，应加大农机装备的研发力度，推动农机装备的创新升级。例如，研发适应小田块作业的农机具，提高农机具的适应性和灵活性；研发多品种适用的农机装备，满足不同地区、不同品种的水稻种植需求。

3. 促进农机农艺融合

农业机械化与农艺技术密不可分，应促进农机农艺的融合发展。通过推广先进的农艺技术，如水稻直播技术、精量播种技术等，为机械化种植提供技术支持；同时，加强农机农艺的协同研究，推动农机装备与农艺技术的相互适应和协调发展。

4. 加强农机服务体系建设

建立健全的农机服务体系，是农业机械化发展的重要保障。应加强农机服务组织的建设，提高服务质量和效率；加强农机维修和保养服务，确保农机装备的正常运行；加强农机信息共享和服务平台建设，为农民提供便捷的信息查询和技术支持服务。

加快南方水稻产区的农业机械化发展是提高农业生产效率、保障粮食安全的重要途径。通过加强政策支持与引导、推动农机装备创新升级、促进农机农艺融合以及加强农机服务体系建设等措施的实施，可以推动我国南方水稻产区农业机械化水平的不断提高，为农业现代化建设提供有力支撑。

四、我国北方半干旱地区农业机械化发展的重点

随着全球气候的变化和我国农业现代化的不断推进，北方半干旱地区的农业机械化发展显得尤为重要。这些地区常常面临水资源短缺、土地贫瘠、气候多变等挑战，农业机械化的发展不仅要提高生产效率，还需注重节水、保土和环保等方面。以下是关于我国北方半干旱地区农业机械化发展的重点。

1. 节水灌溉机械化技术

在北方半干旱地区，水资源的稀缺性使得节水灌溉成为农业机械化发展的关键。深松蓄水、激光平整地、滴灌等节水灌溉机械化技术应该得到大力推广和应用。这些技术可以通过改善土壤结构、提高灌溉效率、减少水分蒸发等方式，有效节约水资源，保障农作物的正常生长。

2. 深松蓄水保墒技术

深松蓄水保墒技术是提高土壤蓄水能力和保墒能力的重要手段。通过机械化深松作业，可以打破土壤犁底层，改善土壤团粒结构，增加土壤孔隙度，提高土壤的通透性和蓄水能力。同时，深松作业还可以减少土壤水分的蒸发，保持土壤湿度，为农作物的生长提供良好的水分条件。

3. 精准农业机械化技术

精准农业机械化技术是实现农业精细化、智能化的重要途径。精准农业机械化技术在北方半干旱地区可以应用于土壤墒情监测、作物长势分析、病虫害预测等方面。通过精准的数据分析和处理，实现对农作物的精准管理；同时，精准农业机械化技术还可以降低农业生产成本。

4. 多功能复合型农业机械

为了适应北方半干旱地区多样化的农业生产需求，应研发和推广多功能复合型农业机械。这些机械应具备耕地、播种、施肥、灌溉、收割等多种功能，可以一次性完成多种作业任务。同时，多功能复合型农业机械还应具备适应性强、操作简便、维修方便等特点，以满足农户的实际需求。

5. 农业机械化服务体系建设

农业机械化服务体系建设是推进北方半干旱地区农业机械化发展的重要保障。应建立完善的农业机械化服务体系，包括农业机械销售、维修、培训、咨询等方面。通过加强服务体系建设，可以提高农户对农业机械的认识和使用水平，促进农业机械化的普及和应用。

总之，我国北方半干旱地区农业机械化发展的重点应放在节水灌溉、深松蓄水保墒、精准农业机械化技术、多功能复合型农业机械以及农业机械化服务体系建设等方面。通过不断推进这些重点工作，可以提高农业生产的效率和质量。

第三节　建立农业机械化发展投入机制

一、建立农业机械化发展投入机制的内涵、目标与实践意义

农业机械化成为提高农业生产效率、促进农村经济发展的重要手段。为了实现这一目

标，建立农业机械化发展投入机制显得尤为关键。下面将从农业机械化发展投入机制的内涵出发，探讨其建立的目标及实践意义。

（一）农业机械化发展投入机制的内涵

农业机械化发展投入机制是指为实现农业机械化水平的提升，而建立的一系列政策、资金、技术、人才等方面的投入机制。这一机制包括政府引导、市场主导、农民参与等多方面的要素，旨在通过多元化、持续性的投入，推动农业机械化的快速发展。

农业机械化发展投入机制涵盖以下四个方面。

①资金投入。政府应加大对农业机械化的财政投入，同时引导社会资本进入农业机械化领域，形成多元化的投入格局。

②技术支持。加强农业机械化技术研发和推广，提高农业机械的智能化、自动化水平，满足农业生产的需求。

③人才培养。加强农业机械化技术人才培养，提高农民使用和维护农业机械的能力，为农业机械化发展提供有力的人才保障。

④政策扶持。制定和完善农业机械化发展的相关政策，为农业机械化提供政策支持和保障。

（二）建立农业机械化发展投入机制的目标

为了进一步提升我国农业机械化水平，优化农业产业结构，增加农民收入，建立一个科学、合理的农业机械化发展投入机制显得尤为重要。

1. 提高农业机械化水平

提高农业机械化水平是农业现代化的重要标志，也是实现农业高效、绿色、可持续发展的必然要求。

①加大财政资金投入，支持农业机械化技术创新和装备升级，提高农业机械的智能化、信息化水平。

②鼓励社会资本参与农业机械化建设，形成多元化的投入格局，满足农业机械化发展的多元化需求。

③加强农业机械化人才培养，提高农民使用和维护农业机械的技能水平，确保农业机械的高效、安全运行。

2. 优化农业产业结构

农业机械化的发展不仅可以提高农业生产效率，还可以促进农业产业结构的优化升级。

①支持特色农业机械化发展，推动农产品加工业向精深加工方向发展，提高农产品附加值。

②鼓励农业机械化与现代农业服务业相结合，推动农业社会化服务体系建设，提高农

业生产的组织化、规模化水平。

③加强农业机械化与农村第一产业、第二产业、第三产业的融合发展，推动农村产业结构的优化升级，实现农村经济的全面发展。

3. 增加农民收入

农业机械化的发展对于增加农民收入具有重要意义。

①降低农民劳动强度，提高农业生产效率，使农民有更多的时间和精力从事其他经营活动，增加收入来源。

②推动农产品加工业的发展，提高农产品附加值，增加农民在农产品加工环节的收入。

③加强农业机械化服务体系建设，为农民提供全方位的农业机械化服务，降低农民生产成本，提高农民收入水平。

（三）农业机械化发展投入机制的实践意义

1. 引导社会资本投入

通过建立农业机械化发展投入机制，可以引导社会资本投入农业机械化领域，缓解政府财政压力，实现投资主体多元化。同时，社会资本的参与将推动农业机械化技术的创新和应用，提高农业生产的竞争力。

2. 优化资源配置

科学、合理的投入机制是可以根据不同地区、不同农作物的实际需求，合理配置农业机械资源，避免资源浪费和重复建设。同时，这种投入机制还可以促进农业机械的共享和租赁，提高农业机械的利用率。

3. 促进农业可持续发展

农业机械化发展投入机制将注重生态环保和可持续发展，鼓励使用高效、节能、环保的农业机械和技术。这将有助于减少农业生产对环境的污染和破坏，促进农业与生态环境的和谐共生。

二、建立农业机械化发展投入机制的原则

农业机械化对于提高农业生产效率、促进农业产业升级具有不可替代的作用。为了保障农业机械化的健康发展，建立科学、合理的投入机制显得尤为重要。在建立农业机械化发展投入机制方面，可以采取以下策略。

（一）政府引导与市场主导相结合

政府应当发挥引导作用，通过制定政策、提供资金支持等方式，为农业机械化的发展创造有利条件。同时，要尊重市场规律，发挥市场在资源配置中的决定性作用，鼓励企业和社会资本参与农业机械化发展，形成多元化、多层次的投入机制。

政府可以通过财政补贴、税收优惠等手段，减轻农民购买和使用农业机械的经济负担，

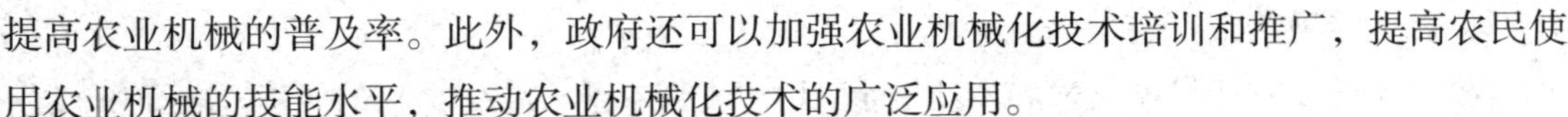

提高农业机械的普及率。此外，政府还可以加强农业机械化技术培训和推广，提高农民使用农业机械的技能水平，推动农业机械化技术的广泛应用。

（二）科技创新与实际应用相结合

科技创新是农业机械化发展的重要驱动力。在投入机制中，要注重科技创新与实际应用相结合，推动农业机械化技术的不断创新和升级。

一方面，要加大对农业机械化科技创新的投入，支持科研机构和企业开展农业机械化关键技术攻关，推动新技术、新装备的研发和应用。另一方面，要注重科技成果的转化和推广，将先进的农业机械化技术应用于农业生产中，提高农业生产的科技含量和效益。

此外，还要加强农业机械化技术的示范和推广，通过建设农业机械化示范区、举办农业机械化技术展览等方式，向农民展示先进的农业机械化技术和装备，引导农民积极采用新技术、新装备，推动农业机械化技术的普及和应用。

（三）可持续发展与生态环保相结合

在农业机械化发展过程中要注重可持续发展和生态环保，推动农业机械化与生态环境相协调、相促进。

首先，应推广使用环保型农业机械，减少农业机械对环境的污染和破坏。鼓励研发和使用低能耗、低排放、高效率的农业机械，降低农业生产过程中的能源消耗和排放水平。

其次，应推广节水、节肥、节药的农业机械化技术，提高农业资源的利用效率。

最后，应加强农业废弃物的资源化利用和农业生态环境的保护。通过建设农业废弃物资源化利用设施、推广农业生态修复技术等方式，将农业废弃物转化为有用的资源，提高农业生态环境质量。

总之，建立农业机械化发展投入机制需要遵循政府引导与市场主导相结合、科技创新与实际应用相结合、可持续发展与生态环保相结合的原则。通过科学、合理的投入机制和政策支持，推动农业机械化技术的不断创新和升级，提高农业生产的科技含量和效益，为农业现代化发展提供有力支撑。

三、农业机械化发展投入机制的具体构建

随着科技的快速发展和农业现代化的不断推进，农业机械化已成为提高农业生产效率、促进农业可持续发展的重要手段。为构建高效、合理的农业机械化发展投入机制，将从以下方面进行详细探讨。

（一）加大政府财政投入

政府财政投入是农业机械化发展的重要保障。为了推动农业机械化的快速发展，政府应进一步加大财政投入力度，确保资金的有效利用。

1. 设立专项资金

政府应设立农业机械化发展专项资金，用于支持农业机械化项目的研发、推广和示范。专项资金应实行专款专用，确保资金使用的透明度和效益。

2. 加大补贴力度

对于农民购买农业机械设备，政府应给予一定的补贴，降低农民购买成本，提高农民购买农业机械设备的积极性。同时，对于使用农业机械设备进行生产的农民，也应给予一定的生产补贴，鼓励农民使用农业机械设备进行生产。

3. 加强基础设施建设

政府应加大对农业机械化基础设施建设的投入，如建设农机库、维修站等，为农业机械的存放、维修和保养提供便利条件。此外，还应加强农村道路建设，提高农村道路通行能力，为农业机械的运输和使用提供便利。

（二）拓宽融资渠道

除了政府财政投入外，拓宽融资渠道也是推动农业机械化发展的重要途径。在拓宽融资渠道方面，可以从以下四个方面来考虑。

1. 引导社会资本投入

政府应出台相关政策引导社会资本投入农业机械化领域。可以通过设立农业机械化投资基金、发行农业机械化债券等方式，吸引社会资本参与农业机械化项目的投资。同时，还可以建立农业机械化项目库，向社会公布优质项目，吸引社会资本关注和参与。

2. 加强金融机构支持

金融机构应加大对农业机械化项目的信贷支持力度，降低贷款门槛和利率水平，为农民购买农业机械设备提供便利条件。此外，金融机构还可以创新金融产品，如推出农机抵押贷款、农机分期付款等金融产品，满足农民多样化的融资需求。

3. 鼓励企业参与

企业应积极参与农业机械化项目的投资和建设。可以通过与农民合作、建设农机服务队等方式，为农民提供农业机械设备租赁、维修、保养等服务。同时，企业还可以研发新型农业机械设备，推动农业机械化的技术创新和升级。

4. 加强国际合作与交流

加强国际合作与交流是拓宽融资渠道的重要途径。可以通过引进国外先进的农业机械设备和技术，提高我国农业机械化的水平。同时，还可以与国际金融机构合作，争取更多的国际资金支持我国农业机械化的发展。

（三）加强技术创新与研发

技术创新是农业机械化发展的关键驱动力。为了构建有效的投入机制，必须加大对农

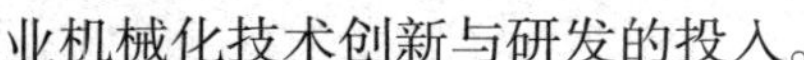

业机械化技术创新与研发的投入。

1. 设立研发资金

政府应设立农业机械化技术创新与研发专项资金，用于支持农业机械化新技术、新装备的研发和推广应用。同时，鼓励社会资本参与农业机械化技术创新与研发，形成多元化的投入机制。

2. 加强产学研合作

建立农业机械化产学研合作机制，推动高校、科研机构和企业之间的紧密合作。通过联合研发、技术转移等方式，将科研成果转化为实际应用，提高农业机械化技术创新的效率和质量。

3. 强化知识产权保护

加强农业机械化技术创新的知识产权保护，鼓励企业和个人积极申请专利、商标等知识产权。同时，加大对侵犯知识产权行为的打击力度，维护农业机械化技术创新的市场秩序。

（四）培养与引进人才

人才是农业机械化发展的核心要素。为了构建完善的投入机制，必须注重人才培养与引进工作。

1. 加强教育培训

建立健全农业机械化人才教育培训体系，通过职业培训、继续教育等方式，提高现有农业机械化从业人员的技能水平和综合素质。同时，加强农业机械化技术和管理知识的普及教育，提高广大农民对农业机械化的认识和接受度。

2. 引进高层次人才

加大农业机械化高层次人才的引进力度，吸引国内外优秀人才参与农业机械化技术创新与研发工作。通过设立人才基金、提供优厚待遇等方式，吸引高层次人才加入农业机械化事业。

3. 建立激励机制

建立健全农业机械化人才激励机制，通过设立奖励制度、提供晋升机会等方式，激发农业机械化人才的创新活力和工作热情。同时，加强对农业机械化人才的关怀和支持，为他们创造良好的工作环境和生活环境。

总之，构建完善的农业机械化发展投入机制是推进农业现代化、提高农业生产效率的重要保障。通过加强技术创新与研发、培养与引进人才等措施，可以形成多元化、高效能的投入体系，为农业机械化事业的持续健康发展提供有力支持。

四、农业机械化发展投入机制的实施策略与保障措施

农业机械化已成为推动农业生产方式变革、提高农业生产效率和促进农民增收的重要力量。为确保农业机械化发展投入机制的有效实施，必须制订科学的实施策略与保障措施。

（一）制订详细的实施计划

1. 明确发展目标

根据当地农业发展实际和市场需求，确定农业机械化的短期、中期和长期发展目标，确保目标既符合实际又具有前瞻性。

2. 细化任务分解

将总体发展目标分解为具体的任务指标，明确各阶段的重点工作和任务，确保各项工作有序推进。

3. 制订时间表

合理安排各项工作的实施时间，确保各项任务按时完成，形成有效的工作节奏。

4. 评估与调整

建立定期评估机制，对实施计划进行动态调整和优化，确保计划与实际工作紧密结合。

（二）加强组织协调与监管

1. 建立组织机构

成立专门的农业机械化发展领导小组或工作专班，负责协调各方资源，推动工作落实。

2. 明确职责分工

明确各相关部门的职责和任务，形成工作合力，确保各项政策措施得到有效执行。

3. 加强监管力度

建立健全监管机制，对农业机械化发展投入的资金、项目等进行全程监管，确保资金安全、项目合规。

4. 强化信息沟通

建立信息交流平台，及时发布政策信息、市场动态等，加强各方之间的沟通与协作。

（三）营造良好的发展环境

1. 政策扶持

制定一系列优惠政策，降低农民购置农业机械的成本，提高农民的积极性。

2. 培训与教育

开展农业机械操作、维修等技能培训，提高农民对农业机械的认识和使用能力，确保农业机械的安全有效使用。

3. 金融服务

鼓励金融机构为农业机械化发展提供贷款支持，降低农民融资成本，推动农业机械化快速发展。

总之，农业机械化发展投入机制的实施策略与保障措施需要多方面的共同努力和配合。只有制订科学的实施计划，加强组织协调与监管，营造良好的发展环境，才能确保农业机械化发展投入机制的有效实施，为现代农业的发展提供有力支撑。

第四节　构建农业机械科技创新体系

一、构建农业机械化科技创新体系的原则

在快速发展的现代社会中，农业机械化不仅是提高农业生产效率、保障粮食安全的重要手段，更是推动农业现代化、促进农村经济发展的关键力量。构建农业机械化科技创新体系，对于实现农业现代化、提升农业综合竞争力具有重要意义。以下是在构建农业机械化科技创新体系时应遵循的几项原则。

（一）为经济建设服务

农业机械化科技创新体系的首要原则是为经济建设服务。这意味着科技创新要紧密围绕农业生产的实际需求，解决农业生产中的实际问题，促进农业经济的持续健康发展。同时，科技创新还要注重与农业产业链上下游的衔接，推动农业产业结构的优化升级，为农业经济的全面发展提供有力支撑。

（二）坚持做到四个创新

1. 体制创新

体制创新是构建农业机械化科技创新体系的基础。要打破传统的科研体制束缚，建立更加灵活、高效的科研机制，鼓励科研人员积极探索、勇于创新。同时，要加强科研机构的改革和整合，优化资源配置，提高科研效率。

2. 学科创新

学科创新是科技创新的重要支撑。要紧跟国际农业科技前沿，加强农业机械化相关学科的建设和发展，形成具有国际竞争力的学科优势。同时，要注重交叉学科的研究和应用，推动农业机械化科技的创新和发展。

3. 机制创新

机制创新是保障科技创新顺利进行的关键。要建立健全科技创新激励机制和约束机制，激发科研人员的创新热情和活力。同时，要加强科技创新成果的转化和应用，推动科技成果的产业化、市场化。

4. 管理创新

管理创新是提升科技创新效率的重要手段。要优化科研管理流程，提高科研管理的科学性和规范性。同时，要加强科研团队的建设和管理，提高团队的凝聚力和战斗力。

（三）遵循农机科技发展规律

在构建农业机械化科技创新体系时，必须遵循农机科技发展的客观规律。

1. 技术发展规律

要把握农业机械化技术发展的趋势和方向，加强前瞻性、战略性的研究和布局。同时，

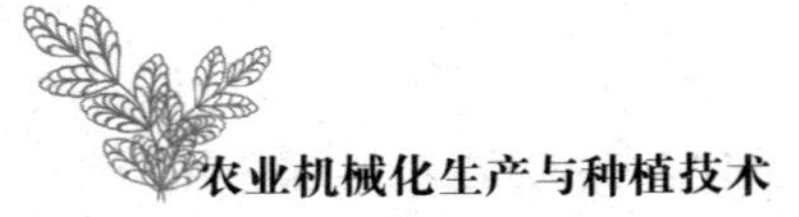

要注重技术的集成创新和引进消化吸收再创新，推动农业机械化技术的不断进步。

2. 市场发展规律

要深入了解市场需求和变化，将科技创新与市场需求紧密结合起来。通过科技创新满足市场需求、创造市场需求，推动农业机械化产业的发展壮大。

3. 人才发展规律

要注重培养和引进优秀人才，加强科研队伍的建设和管理。同时，要为人才成长创造良好的环境和条件，激发人才的创新潜力和活力。

总之，构建农业机械化科技创新体系是一项长期而艰巨的任务。只有坚持为经济建设服务、做到四个创新、遵循农机科技发展规律等原则，才能不断推动农业机械化科技创新的发展进步，为实现农业现代化、促进农村经济发展做出更大的贡献。

二、构建农业机械化科技创新体系的思路与目标

随着科技的飞速发展和全球人口的不断增长，传统农业已无法满足现代社会对粮食安全和农业效率的需求。农业机械化的科技创新能力的高低直接决定了农业生产的效率和质量。构建一个科学、高效的农业机械化科技创新体系，对于推动我国农业现代化进程具有重要意义。

（一）构建思路

1. 明确科技创新方向

结合我国农业生产的实际情况和未来发展需求，明确农业机械化科技创新的重点领域和方向。重点关注智能农机装备、高效节能技术、精准农业技术等方面的创新。

2. 整合创新资源

加强政产学研用各方之间的合作，形成合力。鼓励高校、科研机构、农机企业等共同参与农业机械化科技创新，共享研发资源，提高创新效率。

3. 加强人才培养

培养一批具备创新意识和能力的高素质人才，为农业机械化科技创新提供有力支撑。加强农业机械化专业教育和职业培训，提高从业人员的技能水平。

4. 优化创新环境

营造良好的科技创新环境，激发创新活力。加强知识产权保护，保障创新成果的合法权益。加大科技创新投入，提高创新投入与产出的效率。

（二）构建目标

1. 提升农业机械化水平

农业机械化科技创新体系的首要目标是提升我国农业机械化水平。通过引进、消化、

吸收和再创新，推动农业机械化技术的快速发展，提高农业机械的智能化、自动化水平，降低农业生产成本，提高生产效率。

2. 优化农业机械化装备结构

针对我国不同地区、不同农作物的生产特点，研发适应性强、性能优越的农业机械化装备，优化装备结构。同时，加强农业机械与农艺的深度融合，实现农机农艺一体化，提高农业生产标准化、规模化水平。

3. 推广绿色、智能、高效的农业机械化技术

在科技创新过程中，注重绿色、智能、高效技术的研发与应用。推动农业机械化技术与环境保护、资源节约相结合，降低农业生产对环境的负面影响；加强智能化技术在农业机械上的应用，提高农业机械的自动化、智能化水平；研发高效节能的农业机械化技术，降低能源消耗，提高能源利用效率。

4. 加强农业机械化科技创新人才培养

人才是科技创新的核心。构建农业机械化科技创新体系，需要培养一支高素质、专业化的科技创新人才队伍。加强高校、科研机构与企业的合作，共同培养具有创新精神和实践能力的农业机械化科技创新人才；同时，加强国际交流与合作，引进国外先进的科技创新理念和经验。

5.建立健全农业机械化科技创新服务体系

建立健全农业机械化科技创新服务体系，为农业机械化科技创新提供全方位的支持。加强科技创新成果的转化与应用，推动科技成果与农业生产实践相结合；加强农业机械化技术的示范与推广，提高新技术、新装备的普及率；加强农业机械化科技信息服务，为农民提供及时、准确的信息支持。

三、农业机械化科技创新体系建设框架

农业机械化科技创新已成为推动农业高质量发展的重要动力。为了构建完善的农业机械化科技创新体系，下面将从国家农业机械科技创新中心、国家农业机械科技创新区域分中心、国家农业机械科研试验站三个层面进行探讨。

（一）国家农业机械科技创新中心

国家农业机械科技创新中心是农业机械化科技创新的核心力量，负责引领和推动全国农业机械化科技的创新与发展。该中心有以下功能。

1. 关键技术攻关

围绕农业机械化关键技术领域，集中优势力量开展研发工作，攻克一批制约农业机械化发展的技术难题。

2. 成果转化与推广

加强科技成果的转化与应用，推动先进适用的农业机械化技术在全国范围内的推广普及。

3. 人才培养与交流

培养高素质的农业机械化科技人才，加强与国际先进水平的交流与合作，提升我国农业机械化科技的整体水平。

（二）国家农业机械科技创新区域分中心

国家农业机械科技创新区域分中心是农业机械化科技创新体系的重要组成部分，负责在各自区域内推动农业机械化科技的创新与发展。各区域分中心应根据当地农业发展的实际情况，制定符合区域特色的农业机械化科技创新战略。

1. 区域特色技术研发

针对当地农业生产的实际需求，开展具有区域特色的农业机械化技术研发工作。

2.技术示范与推广

建立农业机械化技术示范基地，通过现场示范、技术培训等方式，向农民展示先进的农业机械化技术，促进技术的推广应用。

3. 区域协作与交流

加强区域内各科研机构、高校、企业之间的协作与交流，形成合力，共同推动农业机械化科技的发展。

（三）国家农业机械科研试验站

国家农业机械科研试验站是农业机械化科技创新体系的基础支撑，负责为农业机械化科技创新提供试验验证和科学研究服务。各试验站应具备以下功能。

1. 试验验证

为农业机械化新技术、新产品提供试验验证服务，确保技术的可靠性和适用性。

2. 科学研究

围绕农业机械化科技的前沿领域和关键技术问题，开展深入的科学研究，为农业机械化科技的发展提供理论支撑。

3. 技术服务

为农民和农业企业提供技术咨询、技术培训等技术服务，帮助他们更好地应用先进的农业机械化技术。

农业机械化科技创新体系建设是一个系统工程，需要国家农业机械科技创新中心、国家农业机械科技创新区域分中心、国家农业机械科研试验站等多个层面的共同努力。只有构建完善的农业机械化科技创新体系，才能为我国农业现代化提供强有力的科技支撑。

第五节　提升农业机械产业水平

随着科技的不断进步和社会经济的飞速发展，农业机械化已经成为现代农业发展的重要标志和推动力量。农业机械化的推进为实现农业现代化、促进农村经济发展、提升农民生活水平奠定了坚实基础。提升农业机械产业水平，对于推动农业机械化深入发展具有重要意义。下面将从技术创新、产业升级、政策支持以及人才培养等方面，探讨如何推动农业机械产业的持续健康发展。

一、技术创新引领产业发展

技术创新是提升农业机械产业水平的关键。我们需要不断加大对农业机械研发的投入，推动新技术、新材料、新工艺在农业机械领域的应用。同时，要加强与高校、科研院所的合作，形成产学研用一体化的发展模式，共同推动农业机械技术的创新。

随着全球经济的持续发展和人口的不断增长，农业生产面临着巨大的挑战。如何提高农业生产效率、降低生产成本、保护生态环境，成为摆在农业机械产业面前的重要课题。技术创新作为推动产业发展的核心动力，在提升农业机械产业水平方面具有至关重要的意义。

（一）技术创新对农业机械产业的重要性

技术创新是农业机械产业持续发展的不竭动力。通过技术创新，不仅可以提升农业机械的性能和质量，满足现代农业生产的多样化需求，还能够推动产业结构的优化升级，提升整个产业的竞争力。技术创新的重要性主要体现在以下三个方面。

1. 提高生产效率

技术创新能够推动农业机械向智能化、自动化方向发展，降低人工劳动强度。

2. 降低生产成本

技术创新能够优化农业机械的设计和制造过程，减少材料浪费和能源消耗。

3. 保护生态环境

技术创新有助于实现农业机械的绿色化、低碳化，减少农业生产对环境的污染和破坏。

（二）技术创新在农业机械产业中的应用

技术创新在农业机械产业中的应用广泛而深入，以下将从智能化技术、精准化技术和绿色化技术三个方面进行阐述。

1. 智能化技术

智能化技术是农业机械产业发展的重要方向之一。通过应用传感器、大数据、云计算等现代信息技术，实现农业机械的智能化控制和管理。智能化技术能够提高农业机械的自

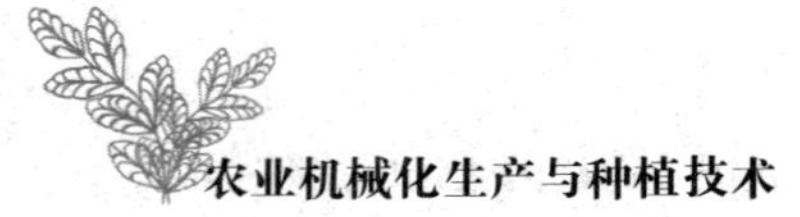

主决策能力，实现精准作业和远程控制。例如，智能农机可以实现播种、施肥、灌溉、收割等作业的全自动化，减少人工干预，提高作业精度和效率。

2. 精准化技术

精准化技术是农业机械产业发展的重要支撑。通过应用卫星导航、地理信息系统等现代信息技术，实现农业机械的精准定位和作业。精准化技术能够提高农业机械的作业精度和效率，减少资源的浪费和环境的污染。例如，精准播种机可以根据地块的特点和作物的需求，实现种子的精准投放和播种密度的精确控制；精准施肥机可以根据土壤养分状况和作物生长情况，实现肥料的精准投放和用量的精确控制。

3. 绿色化技术

绿色化技术是农业机械产业发展的重要趋势。通过应用清洁能源、节能技术等现代技术，实现农业机械的绿色化生产和运营。绿色化技术有助于降低农业机械的能耗和排放，减少对环境的污染和破坏。例如，电动农机采用清洁能源驱动，具有低噪声、低排放等优点；节能灌溉系统采用先进的节水技术，实现水资源的高效利用和节约。

二、产业升级提升产品竞争力

产业升级是提升农业机械产业水平的重要途径。我们需要优化产业结构，提升产品质量和性能，增强产品的市场竞争力。一方面，要加强品牌建设，提高产品附加值；另一方面，要推动农业机械向智能化、精准化、绿色化方向发展，满足现代农业对高效、环保、智能的农业机械的需求。

（一）加强品牌建设，提高产品附加值

在全球化的市场环境中，农业机械产业的竞争愈发激烈。为了提高我国农业机械产业的竞争力，不仅要在技术、生产、质量上不断提升，更需要通过品牌建设来提升产品的附加值。下面旨在探讨如何通过加强品牌建设，提升农业机械产品的竞争力。

1. 品牌建设的重要性

品牌建设是提升产品附加值、增强产品竞争力的关键。一个强大的品牌不仅可以提高产品的知名度和美誉度，还可以增加消费者对产品的信任度和忠诚度。在农业机械产业中，品牌建设更是至关重要。一个具有影响力的品牌可以为企业带来更高的市场份额和更多的利润，从而增强企业的综合实力和竞争力。

2. 加强品牌建设的路径

（1）明确品牌定位

品牌定位是品牌建设的基础。企业需要根据自身产品的特点和市场需求，明确自己的品牌定位，即确定自己的产品在消费者心中的位置和形象。

（2）提升产品质量

产品质量是品牌建设的重要支撑。只有不断提高产品质量，才能赢得消费者的信任和认可。企业应加强技术研发和质量管理，确保产品性能稳定、质量可靠。

（3）加强营销推广

营销推广是品牌建设的重要手段。企业可以通过多种渠道和方式，如广告、宣传、公关活动等，向消费者传递品牌价值和文化内涵，提高品牌的知名度和美誉度。

（4）优化客户服务

客户服务是品牌建设的重要组成部分。企业应关注客户需求和反馈，提供及时、专业、周到的服务，增强客户对品牌的忠诚度和满意度。

3. 提高产品附加值的策略

（1）创新设计

通过创新设计，提升产品的外观、功能和用户体验，增加产品的附加值。企业可以加强与高校、科研机构的合作，引进先进的设计理念和技术手段。

（2）拓展产品线

根据市场需求和消费者偏好，拓展产品线，提供多样化的产品选择。这不仅可以满足消费者的不同需求，还可以增加企业的市场份额和利润。

（3）强化售后服务

优质的售后服务可以提高产品的附加值和消费者的满意度。企业应建立完善的售后服务体系，提供及时、专业、周到的服务支持。

加强品牌建设是提高农业机械产品附加值和竞争力的关键。通过明确品牌定位、提升产品质量、加强营销推广和优化客户服务等路径，企业可以打造出具有强大影响力的品牌。同时，通过创新设计、拓展产品线和强化售后服务等策略，企业可以进一步提高产品的附加值和竞争力。我国农业机械产业应继续加强品牌建设，提升产品竞争力，为农业现代化提供有力支持。

（二）推动农业机械向智能化、精准化、绿色化方向发展

农业机械产业正面临着前所未有的发展机遇与挑战。为了提升产品竞争力，农业机械产业必须加快产业升级的步伐，走智能化、绿色化、精准化的发展道路。

1. 智能化：引领农业机械产业升级的新方向

智能化是农业机械产业升级的重要方向之一。通过引入先进的传感器、控制器、执行器等智能设备，实现农业机械的自动化、智能化操作，不仅可以提高农业生产效率，降低人力成本，还能提升作业精度，减少资源浪费。同时，智能化农业机械还具备远程监控、故障诊断、数据分析等功能，为农业生产提供更为全面、精准的支持。

要实现农业机械的智能化升级，需要加强技术研发和创新，突破关键核心技术，推动智能化技术与农业机械的深度融合。同时，还需要建立完善的智能农业机械标准体系，加强行业监管和规范，确保智能化农业机械的质量和安全性。

2. 绿色化：推动农业机械产业可持续发展的必然选择

绿色化是农业机械产业升级的必然趋势。随着环保意识的不断提高和环保政策的日益严格，农业机械产业必须加快绿色化转型，推动产业可持续发展。

在绿色化方面，农业机械产业可以从以下几个方面入手：一是推广节能环保型农业机械，减少能源消耗和污染排放；二是加强废弃农业机械的回收和利用，实现资源循环利用；三是推广绿色农业技术，如精准施肥、节水灌溉等，减少农业生产对环境的负面影响。

要实现农业机械产业的绿色化转型，需要加强政策引导和支持，推广绿色技术和产品。同时，还需要加强行业自律和监管，确保农业机械产业在绿色化转型过程中的规范有序发展。

3. 精准化：提升农业机械作业效率的关键举措

精准化是提升农业机械作业效率的关键举措。通过引入精准农业技术，如卫星导航、地理信息系统等，实现农业机械的精准作业，不仅可以提高作业效率和质量，还能减少资源浪费和环境污染。

在精准化方面，农业机械产业可从以下几个方面入手：一是推广精准播种、精准施肥、精准灌溉等精准农业技术，实现农业生产的精细化管理；二是加强农业机械的智能化控制，提高作业精度和稳定性；三是加强农业机械的故障诊断和维修服务，确保农业机械的正常运行和作业效率。

要实现农业机械的精准化升级，需要加强技术研发和推广应用，建立完善的精准农业技术体系和服务体系。同时，还需要加强农民的培训和教育，提高农民对精准农业技术的认识和掌握程度，推动精准农业技术的普及和应用。

智能化、绿色化、精准化是农业机械产业升级、提升产品竞争力的重要路径。只有不断加强技术研发和创新，推动智能化、绿色化、精准化技术的深度融合和应用，才能不断提高农业机械的智能化水平、绿色化水平和精准化水平，从而提升产品竞争力和市场占有率，实现农业机械产业的可持续发展。

三、政策支持激发产业活力

（一）政策激发产业活力的路径

1. 财政扶持与税收优惠

政府通过加大财政扶持力度，对农业机械产业的研发、生产和销售等环节给予资金支持，降低企业的运营成本。同时，政府还实行税收优惠政策，减轻企业的税收负担，鼓励

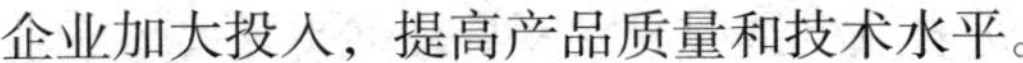

企业加大投入，提高产品质量和技术水平。

2. 科技创新与人才培养

政府鼓励农业机械企业加强科技创新，推动产学研用深度融合。通过设立科研项目、奖励科技成果、建立科技创新平台等方式，引导企业加大研发投入，提升自主创新能力。同时，政府还注重人才培养，通过教育培训、人才引进等方式，为农业机械产业提供充足的人才保障。

3. 市场准入与监管

政府简化农业机械产业的市场准入程序，降低市场门槛，鼓励更多的企业进入市场参与竞争。同时，加强市场监管，打击假冒伪劣、不正当竞争等行为，维护市场秩序和公平竞争。

4. 农机购置补贴与农机服务体系建设

政府实施农机购置补贴政策，降低农民购买农业机械的成本，同时，加强农机服务体系建设，完善农机维修、保养、培训等服务，提高农机使用效率和服务质量。

5. 农业机械化与信息化融合

政府推动农业机械化与信息化的深度融合，通过引进物联网、大数据、云计算等先进技术，提高农业机械的智能化水平，实现农业生产的精准化、高效化和可持续化。

（二）政策效果与展望

在政策的推动下，我国农业机械产业取得了显著成效。企业研发投入不断增加，产品质量和技术水平持续提升；市场准入门槛降低，市场竞争更加激烈；农机购置补贴政策的实施，促进了农业机械的普及和应用；农业机械化与信息化的融合，推动了农业生产的现代化进程。

随着政策的持续推动和市场需求的不断增长，我国农业机械产业将迎来更加广阔的发展前景。政府应继续加大扶持力度，完善政策体系，推动农业机械产业向高端化、智能化、绿色化方向发展。同时，企业也应加强自主创新和市场拓展能力，提高产品质量和服务水平，为农业现代化做出更大的贡献。

四、人才培养为产业发展提供支撑

农业机械产业在推动农业现代化进程中扮演着至关重要的角色。然而，产业的发展离不开人才的支持。下面旨在探讨如何通过人才培养为农业机械产业发展提供有效支持，并提出相应的实施路径。

（一）人才培养与农业机械产业发展的关系

农业机械产业作为现代农业的重要组成部分，其发展水平直接影响到农业生产的效率和质量。而人才是产业发展的核心要素，只有具备高素质、专业化的人才，才能推动农业

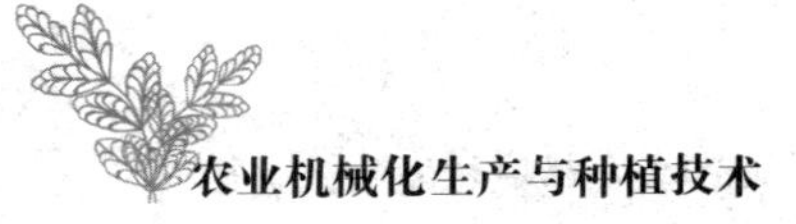

机械产业不断创新和进步。加强人才培养对于促进农业机械产业发展具有重要意义。

（二）人才培养支持农业机械产业发展的路径

1. 加强高等教育与产业对接

高等教育机构应加强与农业机械产业的紧密合作，开设与产业发展紧密相关的专业，培养具备实践能力和创新精神的优秀人才。同时，高校应与企业共同开展科研项目，推动科技成果的转化和应用，为产业发展提供技术支持。

2. 建立健全职业教育培训体系

职业教育培训体系是人才培养的重要组成部分。应加大对农业机械相关专业的投入，提高职业教育的质量和水平。同时，鼓励企业参与职业教育培训，为学生提供实习和就业机会，促进人才培养与产业需求的紧密结合。

3. 搭建人才交流平台

通过搭建人才交流平台，加强农业机械产业人才之间的交流和合作。可以举办行业论坛、技术交流会等活动，为人才提供展示才华、交流经验的机会。同时，鼓励企业之间开展人才共享和合作研发，共同推动产业的发展。

4. 完善人才激励机制

建立健全的人才激励机制是吸引和留住人才的关键。应加大对优秀人才的奖励力度，提高人才的待遇和福利水平。同时，为人才提供广阔的发展空间和良好的工作环境，激发人才的创新精神和创造力。

（三）实施路径的保障措施

1. 加强政策引导和支持

政府应出台相关政策引导和支持高校、企业等各方参与农业机械产业人才培养。可以通过设立专项资金、提供税收优惠等方式，鼓励企业和高校加强合作，共同推动人才培养工作。

2. 加强产学研合作

加强产学研合作是人才培养的有效途径。高校、企业和科研机构应建立紧密的合作关系，共同开展科研项目和技术创新活动。通过产学研合作，可以实现资源共享、优势互补，提高人才培养的质量和效率。

3. 营造良好的社会氛围

通过媒体宣传、组织社会活动等方式，营造良好的社会氛围，提高公众对农业机械产业和人才培养的认识和重视程度。同时，鼓励社会各界积极参与人才培养工作，共同推动农业机械产业的发展。

人才培养是农业机械产业发展的关键。通过加强高等教育与产业对接、建立健全职

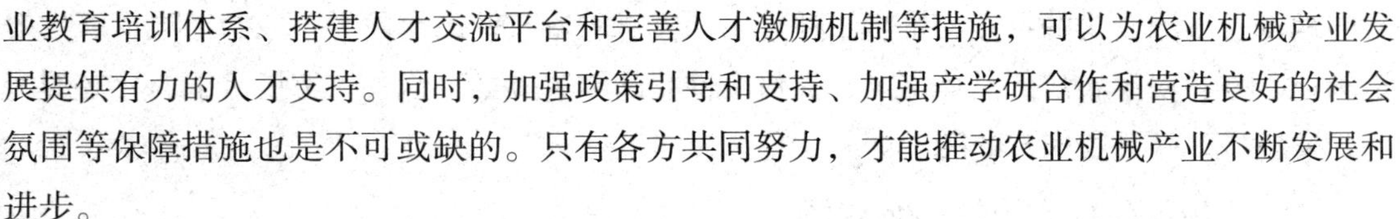

业教育培训体系、搭建人才交流平台和完善人才激励机制等措施，可以为农业机械产业发展提供有力的人才支持。同时，加强政策引导和支持、加强产学研合作和营造良好的社会氛围等保障措施也是不可或缺的。只有各方共同努力，才能推动农业机械产业不断发展和进步。

五、结构优化推动产业升级

在当今的农业发展进程中，农业机械化的普及和升级已成为提高农业生产效率、推动农业现代化的关键环节。而要实现农业机械产业的全面升级，结构优化无疑是至关重要的一步。下面将从政策引导、科技创新、市场需求等方面探讨结构优化如何推动农业机械产业升级。

（一）政策引导下的结构优化

政策是推动农业机械产业升级的重要驱动力。近年来，中央和地方政府纷纷出台了一系列支持农业机械化发展的政策，包括农机购置补贴、农机报废更新补贴等，这些政策不仅直接降低了农户的购机成本，激发了农户的购机热情，也间接引导了农业机械产业的结构优化。

在政策的引导下，农机制造企业开始更加注重产品的研发和创新，推出了更加适应市场需求、性能更加优越的农机产品。同时，农机制造企业也更加注重与农户的沟通与交流，深入了解农户的需求和反馈，不断完善产品的设计和制造。这种以市场需求为导向的产品研发模式，不仅推动了农业机械产品的更新换代，也促进了农业机械产业结构的优化。

（二）科技创新引领的结构优化

科技创新是推动农业机械产业升级的关键因素。农业机械产品的技术含量不断提高，智能化、自动化、数字化等新技术在农业机械产品中的应用越来越广泛。这些新技术的应用不仅提高了农业机械产品的性能和质量，也推动了农业机械产业结构的优化。

在科技创新的引领下，一些具有核心竞争力的农机制造企业开始脱颖而出。这些企业注重技术创新和研发，不断推出具有自主知识产权的农机产品，形成了自己的品牌优势和核心竞争力。同时，这些企业也注重与国际先进技术的交流与合作，不断引进和消化国外先进技术，提高自己的技术水平和创新能力。这种以技术创新为引领的发展模式，不仅推动了农业机械产业的升级，也提高了我国农业机械产业的国际竞争力。

（三）市场需求推动的结构优化

市场需求是推动农业机械产业升级的重要动力。随着农业生产的不断发展，农户对农业机械的需求也在不断变化。这种变化不仅体现在农机产品的性能和质量上，也体现在农机产品的多样性和个性化上。

为了满足市场需求的变化，农机制造企业开始注重产品的多样化和个性化。他们根据

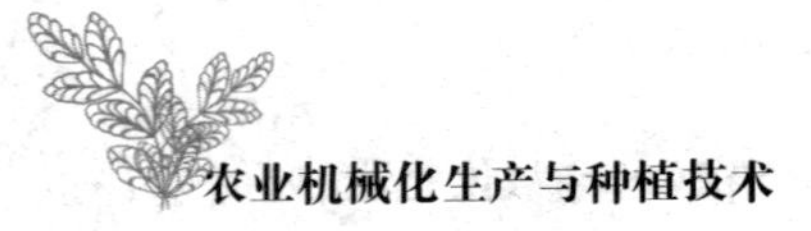

不同地区、不同作物的特点，推出了适合不同需求的农机产品。同时，他们也注重产品的定制化服务，根据农户的具体需求，提供个性化的解决方案。这种以市场需求为导向的产品开发模式，满足了农户的需求。

六、国际合作拓展产业市场

在全球经济一体化的大背景下，国际合作已成为推动各行各业发展的重要力量。农业机械产业作为现代农业的核心支撑，其市场的拓展与国际合作息息相关。下面将从多个方面探讨如何通过国际合作拓展农业机械产业市场。

（一）国际合作的重要性

农业机械产业是一个高度依赖技术创新和市场需求的产业。国际合作不仅能够促进技术交流和创新，还能帮助企业更好地了解不同国家和地区的市场需求，从而开发出更符合市场需求的产品。此外，国际合作还能帮助企业拓展销售渠道，提升品牌影响力，进一步打开国际市场。

（二）国际合作的方式

1. 技术合作

企业可以与国内外科研机构、高校等开展技术合作，共同研发新技术、新产品，提升企业的技术实力和市场竞争力。例如，中联重科与 BAMC 农机及智慧农业合作项目，通过技术合作推动了甘蔗收割机的研发和应用，有效提升了巴巴多斯的甘蔗收割效率。

2. 贸易合作

企业可以通过贸易合作，将产品出口到国际市场，同时引进国外先进的农业机械和技术，促进产业升级和转型。例如，中联重科通过完善的海外销服体系，将农业机械业务拓展至全球 70 多个国家，实现了国际化经营。

3. 投资合作

企业可以通过投资合作，在海外建立生产基地、研发中心等，实现本土化生产和研发，更好地满足当地市场需求。同时，投资合作还能带动当地经济发展，促进双方互利共赢。

（三）国际合作拓展市场的策略

1. 市场调研与分析

在拓展国际市场之前，企业需要进行充分的市场调研和分析，了解目标市场的需求、竞争格局、消费习惯等因素。通过市场调研，企业可以提供符合市场需求的产品和服务，并有针对性地进行市场推广。

2. 产品创新和技术升级

企业应该加大对研发的投入，加强与科研机构的合作，不断提升产品的质量和性能，以满足不同国家和地区的农业需求。同时，企业还应关注国际农业机械行业的发展趋势，及时引进新技术、新工艺，提升产品的竞争力。

3. 建立品牌形象和售后服务

在国际市场上，建立良好的品牌形象可以为企业赢得消费者的信任和好评。农业机械企业应注重产品质量和服务质量，在市场中树立起可靠、专业的品牌形象。此外，完善的售后服务也是吸引客户的关键因素。企业可以通过建立完善的售后服务体系，为客户提供及时、专业的技术支持和维修服务，提升客户满意度和忠诚度。

4. 了解当地政策和法规

在国际市场中，每个国家和地区的政策和法规都有所不同。农业机械企业需要了解当地政策和法规，确保自身产品的符合性，并遵守当地的经营规范。同时，企业也可以通过政策支持和优惠政策来获得市场竞争的优势。

5. 灵活调整产品和服务

不同国家和地区的农业状况和需求都存在差异，农业机械企业需要灵活调整产品和服务，以适应不同的市场需求。企业可以根据当地农业的特点，提供专业化的解决方案和定制化的产品，满足农民的实际需求。

国际合作是拓展农业机械产业市场的重要途径。通过技术合作、贸易合作和投资合作等方式，企业可以加强与国际市场的联系，了解不同国家和地区的市场需求。同时，企业还需要注重市场调研与分析、产品创新和技术升级、建立品牌形象和售后服务以及了解当地政策和法规等方面的工作，以更好地适应国际市场的需求和挑战。相信在国际合作的推动下，农业机械产业将迎来更加广阔的发展前景。

总之，提升农业机械产业水平是推动农业机械化深入发展的关键。我们应该从加强技术研发、优化产业结构、完善服务体系、加强政策支持、强化国际合作等方面入手，全面提升农业机械产业水平，为农业现代化和农村经济发展做出更大贡献。

第五章　山区农业机械化

第一节　发展山区农业机械化的重要性

一、发展山区农业机械化的重要性分析

农业机械化是提高农业生产效率、推动农业现代化进程的关键手段。在广袤的山区，由于地形复杂、交通不便等因素，农业机械化的推进面临着诸多挑战。加强山区农业机械化的发展，对于促进地区农业机械化均衡发展具有重大意义。

（一）提高山区农业生产效率

山区农业机械化是推动山区农业发展的重要手段。山区地形复杂，农业生产条件相对较差，传统的人力耕作方式已难以满足现代农业发展的需要。发展山区农业机械化对于提高山区农业生产效率、节约劳动力成本、加快作业进度以及提高产量和质量等方面具有重要意义。

1. 节约劳动力成本

山区地形崎岖，交通不便，使得传统的人力耕作方式在山区面临巨大的挑战。机械化的推广可以显著减少劳动力需求，降低人力成本。通过使用现代化的农业机械，农民可以更加轻松、高效地完成耕作、播种、施肥、收割等作业，从而节约大量劳动力成本。

2. 加快作业进度

山区农业生产的季节性很强，农时紧迫。传统的耕作方式往往因为人力不足而延误农时，影响农作物的产量和质量。农业机械化可以显著提高作业效率，加快作业进度。农业机械能够在短时间内完成大量的农业作业，确保农作物在最佳的时间得到处理，从而增加农作物的产量和品质。

3. 提高产量和质量

农业机械化不仅可以提高作业效率，还可以提高农作物的产量和质量。现代化的农业

机械可以根据农作物的生长需求进行精准施肥、灌溉和病虫害防治，为农作物提供最佳的生长环境。同时，农业机械还可以实现标准化、规模化作业，保证农作物的种植密度和品质一致，从而提高整体产量和品质。

（二）促进山区农业可持续发展

随着全球对农业可持续发展的日益重视，山区农业作为农业领域的重要组成部分，其机械化发展显得尤为重要。山区农业机械化不仅能够有效提升农业生产效率，还能在保护生态环境、优化农业结构等方面发挥关键作用，为山区农业的可持续发展提供有力支撑。

1. 保护生态环境

山区农业机械化在保护生态环境方面具有重要作用。首先，通过引进现代化的农业机械设备，能够减少对自然资源的过度依赖和破坏。例如，使用高效节能的农机具进行耕作、播种和收割，可以减少对土壤的侵蚀和水资源的浪费。其次，山区农业机械化可以推广绿色农业生产技术，如精准施肥、生物防治等，这些技术有助于减少农药和化肥的使用量。此外，山区农业机械化还能促进农业废弃物的资源化利用，如秸秆还田、畜禽粪便无害化处理等，进一步减少环境污染。

2. 优化农业结构

山区农业机械化对于优化农业结构具有重要意义。首先，通过引入先进的农业机械设备和技术，可以提高山区农业的生产效率和产出质量，使得农产品更具市场竞争力。这有助于推动山区农业向规模化、集约化、标准化方向发展，提高农业整体效益。其次，山区农业机械化可以推动农业产业链的延伸和拓展。例如，利用农机具进行农产品加工、包装和运输等环节，可以提高农产品的附加值和市场竞争力；同时，也为山区农民提供了更多的就业机会和收入来源，有助于促进山区经济的全面发展。

在具体实施中，为了推动山区农业机械化的发展，需要采取一系列措施。首先，政府应加大对山区农业机械化的投入力度，提供资金支持和政策扶持。其次，应加强农业机械化技术的研发和推广工作，提高农机具的适应性和可靠性，满足山区农业生产的实际需求。同时，还应加强农民的技术培训和教育工作，提高他们的操作技能和安全意识。

（三）推动地区农业机械化均衡发展

1. 缩小地区差距

由于山区自然条件、经济条件等方面的限制，农业机械化水平普遍较低。发展农业机械化可以逐步缩小山区与其他地区在农业机械化水平上的差距，实现地区间的均衡发展。这不仅可以提高山区农业的整体水平，还可以增强山区农业的自我发展能力。

2. 促进农业技术创新

农业机械化是农业技术创新的重要载体。通过发展农业机械化，可以推动山区农业在技术创新方面的进步。这不仅可以提高农业机械的性能和质量，还可以促进农业机械与信

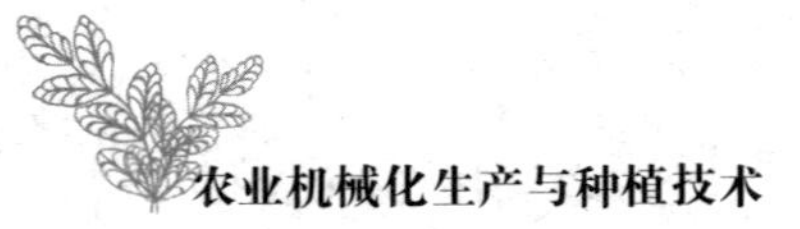

息技术、生物技术等其他技术的融合创新，为山区农业的发展提供强有力的技术支撑。

3. 培育新型农业经营主体

发展农业机械化可以培育出一批懂技术、会经营、善管理的新型农业经营主体。这些主体将成为山区农业发展的中坚力量，推动山区农业向现代化、产业化方向发展。同时，他们还可以带动周边农户发展现代农业，形成“以点带面”的发展格局。

（四）缓解劳动力短缺的问题

随着现代社会的发展，特别是在山区等地理条件相对复杂的地区，农业劳动力短缺的问题愈发凸显。面对这一挑战，发展山区农业机械化成为一个迫切且必要的举措。它不仅能够有效缓解劳动力短缺的问题，还能吸引更多的人才回流农村，为农村经济发展注入新的活力。

1. 农业机械化减少对劳动力的依赖

在山区，由于地形崎岖、交通不便，传统的农业生产方式往往依赖于大量的人力投入。然而，越来越多的农村青年选择离开家乡前往城市务工，导致农村劳动力的严重短缺。此时，农业机械化的推广和应用显得尤为重要。

农业机械化的实施，可以极大地提高农业生产的效率，降低对劳动力的依赖。通过引入现代化的农业机械设备，农民可以在短时间内完成大面积的耕种、收割等作业，极大地节省了人力成本。同时，机械化作业还能够减少人为因素对农业生产的影响，提高农产品的产量和质量。

2. 农业机械化吸引更多的人才回流农村

农业机械化的推广和应用，不仅能够提高农业生产的效率，还能够为农村经济发展带来新的机遇。随着机械化水平的提高，农业生产将变得更加轻松和高效，这将吸引更多的年轻人回到农村从事农业生产。

一方面，农业机械化的实施将创造更多的就业机会。随着机械化设备的普及，农业生产将需要更多的技术工人和管理人员来操作和维护这些设备。这将为农村青年提供更多的就业机会，使他们能够在家乡实现自我价值。

另一方面，农业机械化将促进农村经济的发展。随着农业生产的效率提高和产量的增加，农民的收入将得到显著提高。这将进一步激发农民的生产积极性，促进农村经济的繁荣和发展。同时，农业机械化的推广还将带动相关产业的发展，如农机制造、维修等产业。

（五）促进土地规模经营和优化资源配置

农业机械化已成为现代农业的重要标志之一。在山区，农业机械化的发展相对滞后。然而，正是这些挑战，使得山区农业机械化的发展显得尤为重要。下面将从促进土地规模经营和优化资源配置两个方面，探讨发展山区农业机械化的必要性。

1. 促进土地规模经营

（1）扩大农业经营规模

农业机械化的应用，使得土地规模经营成为可能。农民可以通过土地流转、合作经营等方式，将分散的土地集中起来，形成规模化的农业生产基地。这不仅可以提高土地的利用率，还可以引入现代化的管理模式和先进的农业技术，提升农业生产的整体水平。

（2）促进农业产业升级

土地规模经营的实现，有助于推动农业产业升级。在规模化经营的基础上，农民可以发展特色农业、生态农业等高端农业产业。同时，还可以带动农产品加工、仓储、物流等相关产业的发展，形成完整的农业产业链。

2. 优化农业资源配置

（1）合理配置劳动力资源

山区农业机械化的发展，可以解放大量农村劳动力。农民从繁重的体力劳动中解脱出来，可以从事其他产业或外出务工，增加收入来源。同时，机械化作业还可以吸引城市劳动力回流农村。

（2）提高资源利用效率

农业机械化的应用可以实现对农业资源的精准利用。通过智能化的农业机械设备，可以实现对土壤、水源、气候等资源的实时监测和精准管理，减少资源的浪费和污染。同时，机械化作业还可以减少农作物病虫害的发生和传播。

（3）推动科技创新与应用

农业机械化的发展离不开科技创新的支撑。在推广使用农业机械的过程中，需要不断引进和研发先进的农业机械设备和技术。这不仅可以提高农业机械化的水平，还可以推动科技创新在农业领域的应用和发展。同时，科技创新还可以为农业机械化的发展提供新的思路和方法。

发展山区农业机械化对于促进土地规模经营和优化资源配置具有重要意义。我们应该加大对山区农业机械化的投入和支持力度，推动农业机械化在山区的广泛应用和发展。同时，还需要加强科技创新和人才培养，为农业机械化的发展提供强有力的支撑和保障。

（六）推动农业结构调整和发展特色农业

山区农业机械化的发展已成为推动农业持续、健康、高效发展的重要手段。特别是在当前农业结构调整和特色农业发展的背景下，山区农业机械化的必要性越发凸显。

1. 推动农业结构调整

农业结构调整是适应市场需求、提高农业效益、促进农村经济发展的重要举措。山区由于地形复杂、交通不便等因素，传统的农业生产方式已难以满足现代农业发展的需要。而农业机械化的引入，能够有效提高农业生产效率，为农业结构调整提供有力支撑。

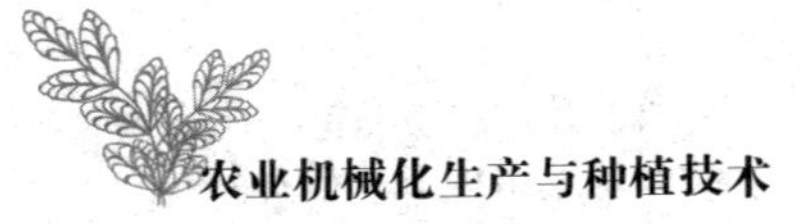

（1）农业机械化能够加快土地流转和规模经营

山区土地分散，难以实现大规模经营。而农业机械化的推广，可以使农民从繁重的体力劳动中解放出来，促进土地向专业大户、家庭农场、农民合作社等新型经营主体集中，实现土地规模化经营，提高农业综合效益。

（2）农业机械化能够推动农业产业化经营

山区农业资源丰富，但受交通、信息等因素制约，农产品加工、销售等环节相对滞后。农业机械化的应用可以实现农产品加工、储存、运输等环节的机械化、自动化，提高农产品附加值和市场竞争力，推动农业产业化经营。

2. 发展特色农业

特色农业是山区农业发展的优势所在，也是增加农民收入、推动乡村振兴的重要途径。山区农业机械化能够有效推动特色农业的发展，提升农产品品质和效益。

（1）农业机械化能够提高特色农产品的品质

山区农产品多以特色、绿色、有机为主，但传统生产方式下，农产品品质参差不齐，难以保证稳定供应。农业机械化的应用可以实现农业生产过程中的精准化、标准化、规模化，提高农产品的品质和安全性，满足市场对高品质农产品的需求。

（2）农业机械化能够拓展特色农产品的销售渠道

山区交通不便，信息闭塞，农产品销售难度较大。农业机械化的推广，可以实现农产品加工、储存、运输等环节的自动化、智能化，降低销售成本，拓展销售渠道，提高农产品的市场占有率。

（七）拓展农业产业链，增加农产品附加值

随着科技的进步和农业现代化的发展，山区农业机械化成为推动山区经济持续增长的重要力量。作为我国农业资源的重要组成部分，山区农业机械化水平的高低直接关系到农业产业链的拓展和农产品附加值的增加。下面将从这两个方面探讨发展山区农业机械化的必要性。

1. 拓展农业产业链

（1）提升农业生产效率

农业机械化可以显著提高山区农业生产效率，减轻农民劳动强度，使农业生产更加高效、便捷。通过引进先进的农业机械，可以实现土地深耕、播种、施肥、收割等作业环节的自动化和智能化，大大提高农业生产效率，从而有更多的资源和精力投入其他农业产业链环节中。

（2）延伸产业链长度

农业机械化不仅可以提升农业生产效率，还可以延伸山区农业产业链长度。在农业机械化的支持下，山区可以发展农产品加工业、休闲农业、乡村旅游等多元化产业，形成第一产业、第二产业、第三产业融合发展的良好局面。这些产业的发展不仅可以增加农民收入，还可以提升山区农业的整体竞争力。

（3）促进产业协同发展

农业机械化的发展还有助于促进山区农业与其他产业的协同发展。通过机械化作业可以实现农产品规模化、标准化生产，为农产品加工业提供稳定、优质的原材料。同时，农业机械化的推进还可以带动山区交通运输、机械制造等相关产业的发展，形成产业链上下游协同发展的良好局面。

2. 增加农产品的附加值

（1）提高农产品品质

农业机械化可以提高山区农产品的品质。通过机械化作业可以实现精准播种、施肥、灌溉等作业环节，使农产品生长更加均匀、健康。同时，机械化作业还可以减少农药、化肥的使用量，降低农产品中的有害物质残留，提高农产品的安全性和品质。

（2）丰富农产品种类

农业机械化的发展还可以丰富山区农产品的种类。通过引进先进的农业机械和技术，可以种植更多种类的农作物和果蔬，满足市场对多样化农产品的需求。这些新品种的农产品往往具有更高的附加值和市场竞争力，可以为山区农民带来更多的经济收益。

（3）加强农产品品牌建设

农业机械化的发展还有助于加强山区农产品的品牌建设。通过机械化作业和标准化生产，可以确保农产品的品质和安全性符合相关标准和要求。同时，机械化作业还可以提高农产品的产量和规模效益，降低生产成本和销售价格，使山区农产品更具市场竞争力。在品牌建设方面，可以通过注册商标、申请地理标志等方式提升农产品的知名度和美誉度。

发展山区农业机械化对于拓展农业产业链和增加农产品附加值具有重要意义。通过提升农业生产效率、延伸产业链长度、促进产业协同发展，以及提高农产品品质、丰富农产品种类和加强农产品品牌建设等方面的努力，可以推动山区农业实现高质量发展，为乡村振兴和农业现代化注入新的动力。

发展山区农业机械化对于促进地区农业机械化均衡发展具有重要意义。我们应充分认识到山区农业机械化发展的重要性，加强政策支持和科技创新，推动山区农业机械化事业的不断发展壮大。

二、山区农业生产的机械化需求

（一）山区粮食作物生产机械化的需求分析

机械化生产已成为提高农业生产效率、降低生产成本的重要途径。然而，在山区，由于地形复杂、土壤条件多样、气候条件多变等因素，粮食作物生产的机械化水平相对较低，

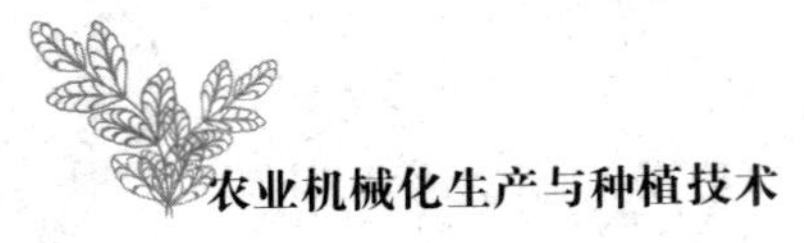

这在一定程度上制约了山区农业的发展。对山区粮食作物生产机械化的需求进行深入分析，对于推动山区农业现代化具有重要作用。

1. 地形条件与机械化需求

山区坡地、梯田等占比较大，这给机械化生产带来了很大的挑战。传统的耕作方式难以适应山区地形，而现有的农业机械设备也大多针对平原地区设计，难以在山区有效应用。需要研发适应山区地形的农业机械设备，如小型化、多功能化、爬坡能力强的农机具，以满足山区粮食作物生产的机械化需求。

2. 土壤条件与机械化需求

山区土壤条件多样，既有肥沃的河谷地，也有贫瘠的山坡地。不同的土壤条件对机械化生产的要求也不同。例如，在肥沃的河谷地，需要大型、高效的农机具进行连片作业；而在贫瘠的山坡地，则需要小型、轻便、灵活的农机具进行精细化作业。需要根据山区土壤条件的实际情况，研发不同类型的农业机械设备，以满足不同区域的机械化生产需求。

3. 气候条件与机械化需求

山区气候条件多变，降雨分布不均，干旱和洪涝等自然灾害频发。这对机械化生产提出了更高的要求。一方面，需要研发具有抗旱、抗涝能力的农机具，以适应山区多变的气候条件；另一方面，需要利用机械化手段提高农作物的抗灾能力，如通过机械化播种、施肥、灌溉等措施，提高农作物的抗逆性和产量。

4. 劳动力状况与机械化需求

随着城镇化进程的加快，山区劳动力流失严重，农业劳动力短缺成为制约山区农业发展的重要因素。机械化生产可以弥补劳动力不足的问题。需要加大山区农业机械化推广力度，提高农民对机械化生产的认识和接受程度，引导农民积极采用机械化生产方式。

（二）山区林果作物生产机械化的需求分析

随着农业现代化步伐的加快，山区林果作物生产机械化成为提高生产效率、降低劳动强度、促进农业可持续发展的关键措施。山区气候多变，林果作物种类繁多，这为机械化生产带来了诸多挑战。对山区林果作物生产机械化进行需求分析，具有重要的现实意义和战略价值。

1. 山区林果作物生产机械化现状

目前，山区林果作物生产仍以人工为主，机械化水平相对较低。这主要表现在以下三个方面：一是机械化设备种类少，难以满足多样化生产需求；二是设备适应性差，难以适应山区复杂地形和气候条件；三是机械化作业效率低，成本高昂，农民使用意愿不强。

2. 山区林果作物生产机械化需求分析

（1）设备种类与功能需求

山区林果作物种类繁多，需要不同类型的机械设备进行作业。如果树修剪机、果实采摘机、土壤耕作机、灌溉施肥机等。同时，这些设备应具备高效、节能、环保等特点，以适应山区林果作物生产的特点。

（2）设备适应性与稳定性需求

山区气候条件多变，对机械设备的适应性和稳定性提出了更高要求。机械设备应能在崎岖不平的山路上行驶，具备较高的爬坡能力和通过性；同时，在恶劣的气候条件下也能保持稳定的性能，确保作业安全。

（3）智能化与自动化需求

智能化和自动化成为农业机械化的重要发展方向。山区林果作物生产应逐步实现智能化监控、自动化作业和远程操控等功能，以提高生产效率和质量。

（4）经济效益与社会效益需求

山区林果作物生产机械化的最终目的是提高经济效益和社会效益。机械设备应具有较高的性价比，降低生产成本；同时，还应关注生态环境保护和资源节约利用等方面的问题，实现经济效益和社会效益的双赢。

山区林果作物生产机械化是农业现代化的重要组成部分。针对当前山区林果作物生产机械化存在的问题和需求，应采取以下措施加以解决：一是加大科技研发力度，提高机械设备的种类和性能；二是加强机械设备适应性研究，提高其在山区复杂地形和气候条件下的作业能力；三是推动智能化和自动化技术在山区林果作物生产中的应用；四是加强政策扶持和宣传推广力度，提高农民对机械化生产的认识和使用意愿。通过这些措施的实施将有力推动山区林果作物生产机械化的进程，促进农业现代化的全面发展。

（三）山区蔬菜作物生产机械化的需求分析

机械化生产已成为提高农业生产效率、降低生产成本、实现可持续发展的重要手段。然而，在山区蔬菜作物生产中，由于地形复杂、土地分散、气候多变等因素，机械化水平相对较低，制约了山区蔬菜产业的发展。对山区蔬菜作物生产机械化的需求进行深入分析对于推动山区农业现代化具有重要意义。

1. 地形适应性需求

山区坡度大、起伏多，对农业机械的通过性和稳定性提出了更高要求。山区蔬菜作物生产机械化需要研发适应山区地形的专用机械，如小型化、轻量化、高通过性的农机具，以确保机械在山区作业时的稳定性和安全性。

2. 种植模式多样性需求

山区蔬菜作物种植模式多样，包括露地栽培、大棚栽培、梯田种植等。不同种植模式对农业机械的需求不同，如大棚栽培需要温室专用机械，梯田种植需要适应坡度的农机具。山区蔬菜作物生产机械化需要针对不同种植模式研发专用机械，以满足多样化种植需求。

3. 气候适应性需求

山区气候多变，温差大、降雨不均，对农业机械的耐用性和适应性提出了更高要求。山区蔬菜作物生产机械化需要研发具有抗寒、抗热、抗湿等性能的农机具，以确保机械在恶劣气候条件下仍能正常工作。

4. 作业精度与效率需求

随着农业现代化水平的提高，对作业精度和效率的要求也越来越高。山区蔬菜作物生产机械化需要研发高精度、高效率的农机具，如智能播种机、精准施肥机、自动化收割机等，以提高山区蔬菜作物的产量和品质。

5. 环保与节能需求

在推动农业现代化的同时，也要注重环保和节能。山区蔬菜作物生产机械化需要研发低排放、低能耗的农机具，减少农业生产对环境的污染，实现绿色可持续发展。

山区蔬菜作物生产机械化是提高山区农业现代化水平的重要途径。针对山区地形复杂、种植模式多样、气候多变等特点，需要研发适应山区地形的专用机械、针对不同种植模式的专用机械、具有抗寒抗热抗湿性能的农机具以及高精度高效率的农机具等。同时，还要注重环保和节能，推动山区蔬菜作物生产机械化的绿色可持续发展。通过深入分析山区蔬菜作物生产机械化的需求，为山区农业现代化提供有力支撑。

第二节　发展山区农业机械化面临的挑战

一、山区农业机械化发展面临的立地自然条件挑战

随着科技的飞速进步，农业机械化已成为提高农业生产效率、促进农村经济发展的重要手段。然而，在山区这一特殊地理环境中，农业机械化的发展却面临着诸多挑战，其中最为显著的就是立地自然条件的限制。

（一）地形复杂，机械作业难度大

山区地形复杂多变，坡度大、沟壑纵横，这给农业机械的作业带来了极大的困难。传统的农业机械往往难以适应这种地形条件，导致机械作业效率低下，甚至无法完成正常的农业生产任务。此外，山区道路的狭窄和崎岖也限制了大型农业机械的进入和使用，进一步加大了机械化发展的难度。

（二）土壤条件特殊，对机械性能要求高

山区土壤条件特殊，多为贫瘠的砂土或黏土，且含有较多的石块和树根等杂质。这种土壤条件对农业机械的性能提出了更高的要求。一方面，农业机械需要具备更强的动力性能和稳定性，以应对复杂地形和恶劣环境；另一方面，农业机械还需要具备更高的可靠性

和耐用性，以应对土壤中的石块和树根等杂质的冲击和磨损。

（三）气候条件多变，影响机械作业效率

山区降雨量大、气温低、风力强等特点使得农业机械在作业过程中容易受到天气因素的影响。例如，在雨季，农业机械在湿滑的土地上作业时容易发生侧滑和陷车等事故；在冬季，低温环境则可能导致农业机械的润滑系统失效、燃油凝固等问题，严重影响机械作业效率和使用寿命。

（四）基础设施薄弱，制约机械化发展

山区基础设施薄弱，缺乏完善的交通网络和电力供应体系，这也制约了农业机械化的发展。一方面，交通不便使得农业机械的运输和维修变得困难；另一方面，电力供应不足限制了农业机械的使用范围和时间。此外，山区农业机械化发展还面临着资金、技术、人才的短缺等方面的问题，这些都制约了山区农业机械化的快速发展。

针对以上挑战，我们需要从多个方面入手来推动山区农业机械化的发展。首先，要加强科技创新和研发力度，开发出适应山区特殊自然条件的农业机械；其次，要加强基础设施建设，完善交通网络和电力供应体系；最后，要加强政策扶持和资金投入力度，提高农民对农业机械化的认识和参与度。

二、山区农业机械化发展面临的种植品种与模式多样性的挑战

在农业现代化的大潮中，山区农业机械化的发展显得尤为重要。然而，山区农业由于其独特的地理环境和自然条件，在机械化推广过程中面临着诸多挑战，其中种植品种的多样性和种植模式的多样性是两大核心难题。

（一）种植品种的多样性带来的挑战

山区农业因其地形复杂、气候多变，形成了丰富多样的农作物种植结构。从传统的粮食作物到各种经济作物，再到各种特色农产品，每一种作物都有其独特的生长习性和种植要求。这种多样性给农业机械化带来了极大的挑战。

1. 农业机械的适应性和灵活性不足

不同作物在种植、管理和收获等环节上有着不同的需求，这要求农业机械必须具备高度的适应性和灵活性。然而，目前市场上的农业机械往往只能满足某一类或几类作物的需求，难以满足山区农业种植品种多样性的要求。

2. 农业机械使用效率降低

由于不同作物在种植季节、生长周期等方面的差异，农业机械的使用时间和使用频率往往难以得到有效保障，这不仅增加了农业机械的维护成本，也降低了其使用效率。

（二）种植模式的多样性带来的挑战

除了种植品种的多样性外，山区农业种植模式的多样性也给农业机械化带来了挑战。山区农业种植模式多样，既有传统的分散种植模式，也有现代的集约化、规模化种植模式。

这些不同的种植模式对农业机械的要求也各不相同。

1. 传统的分散种植模式使得农业机械难以发挥规模效应

在山区，由于地形复杂、地块分散，传统的分散种植模式仍然占据主导地位。这种种植模式下，农业机械往往难以形成规模效应，导致使用成本高昂、效益低下。

2. 现代集约化、规模化种植模式对农业机械提出了更高的要求

越来越多的山区开始尝试集约化、规模化种植模式。然而，这种种植模式对农业机械的智能化、自动化水平提出了更高的要求。目前市场上的农业机械往往难以满足这些要求，需要进一步加强技术研发和创新。

山区农业机械化发展面临着种植品种和种植模式多样性的挑战。要克服这些挑战，需要政府、企业和科研机构共同努力，加强技术研发和创新，推动农业机械向智能化、自动化方向发展；同时，也需要加强农民的技术培训和推广力度，提高农民对农业机械化的认识和接受程度。只有这样，才能推动山区农业机械化水平的不断提高，实现农业现代化和可持续发展。

三、农机与农艺融合不够的挑战

农业机械化已成为推动农业现代化、提升农业生产效率的重要手段。然而，在山区农业机械化的发展过程中，农机与农艺融合不足的问题日益凸显，成为制约山区农业机械化水平提升的关键因素。下面将从农艺技术推广与应用不足、农机服务体系建设滞后以及管理机制不完善三个方面，分析山区农业机械化发展面临的挑战。

（一）农艺技术推广与应用不足，影响农机与农艺融合

在山区农业机械化进程中，农艺技术的推广与应用不足是首要问题。一方面，由于山区地形复杂、气候多变，传统的农艺技术难以完全适应机械化作业的需求，导致农机与农艺之间存在较大的技术鸿沟。另一方面，农民对农艺技术的认知程度有限，缺乏必要的技术培训和支持，使得农艺技术的推广与应用难以有效展开。这不仅影响了农机与农艺的融合，也限制了山区农业机械化的发展潜力。

（二）农机服务体系建设滞后，影响农机与农艺融合

农机服务体系的建设是农业机械化发展的重要保障。然而，在山区，农机服务体系建设滞后，无法满足农机与农艺融合的需求。一方面，农机服务机构的数量不足，服务范围有限，难以满足农民对农机服务的需求。另一方面，农机服务机构的服务质量参差不齐，缺乏统一的服务标准和监管机制，导致农机服务效率低下，农机与农艺的融合难以得到有效推动。

（三）农机与农艺融合的管理机制不够完善，影响农机与农艺融合

管理机制的不完善也是影响山区农业机械化发展的重要因素。一方面，政府在农机与农艺融合方面的政策支持不足，缺乏针对山区农业特点的专门政策和措施。另一方面，农

机与农艺融合的管理体制不健全，缺乏有效的协调机制和监管机制，导致农机与农艺融合过程中出现诸多问题，如农机选型不当、农艺技术应用不当等，严重影响了农业机械化的发展效果。

四、适用的农业机械短缺问题

在全球化及现代农业快速发展的今天，农业机械化对于提高农业生产效率、降低成本、增加农民收入具有重要意义。然而，我们面临着诸多挑战，其中最为突出的便是适用的农业机械短缺问题。这一问题的根源在于现有农业机械在地形适应性、功能适应性和经济适应性方面的不足。

（一）地形适应性差

山区坡度大、地势崎岖，这给农业机械的行驶和操作带来了极大的困难。传统的农业机械往往是为平原地区设计的，难以适应山区的特殊地形。山区农业机械需要更高的爬坡能力、更强的稳定性和更好的通过性。然而，目前市场上能够满足这些要求的农业机械数量有限，且价格昂贵，导致山区农业机械化的推进受阻。

（二）功能适应性不足

山区农业生产的多样性要求农业机械具备多种功能。现有的农业机械往往功能单一，难以满足山区农业生产的多样化需求。例如，山区农作物种植种类繁多，但现有的农业机械往往只能满足某种特定作物的种植需求，对于其他作物的种植则无能为力。此外，山区农业生产还涉及施肥、锄草、收割等多个环节，而现有的农业机械往往只能完成其中某一个环节的工作，难以实现全程机械化。

（三）经济适应性差

山区农民收入相对较低，购买和使用农业机械的经济压力较大。现有的农业机械价格昂贵，维护成本高，对于山区农民来说负担过重。此外，山区农业机械化服务的市场规模小，难以形成有效的市场竞争，导致服务价格偏高，进一步增加了山区农民的经济负担。如何在保证农业机械性能的前提下降低其成本，提高经济适应性，是山区农业机械化发展亟待解决的问题。

五、农机服务领域不宽

（一）农机服务领域不宽，产业链不完整

山区给农业机械的推广和应用带来了极大的困难。目前，山区农机服务主要集中在传统的耕、种、收等作业环节，而对于农产品加工、仓储、运输等后续服务则相对较少涉及。这导致了山区农机服务领域的局限性，无法形成完整的产业链。

产业链的不完整不仅限制了农机服务的发展空间，也影响了农业生产的整体效益。例如，在山区种植的小杂粮往往因缺乏先进的加工设备和技术而只能以初级产品的形式销售，

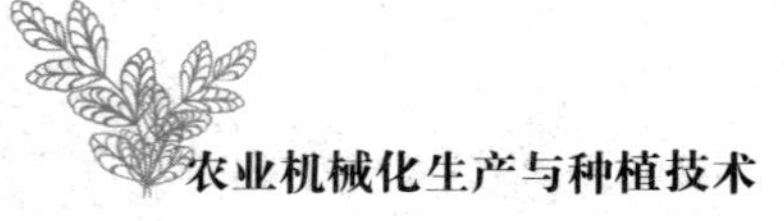

附加值低，农民收入难以提高。

（二）在服务畜牧业、小杂粮加工等方面发挥作用不够大

1. 畜牧业机械化程度低

畜牧业是山区农业的重要组成部分，但当前山区畜牧业的机械化程度普遍较低。传统的饲养方式仍占据主导地位，这不仅增加了劳动强度，也影响了畜产品的质量和产量。农机服务在畜牧业领域的应用范围有限，缺乏针对山区畜牧业特点的专用机械和设备。

2. 小杂粮加工机械化水平不高

山区小杂粮种植广泛，但由于加工技术的落后和机械化水平的不足，小杂粮的加工利用程度较低。许多小杂粮仍以原料或初级产品的形式销售，市场竞争力不强。农机服务在小杂粮加工领域的应用范围有限，缺乏适应山区小杂粮加工特点的专用机械和设备。

六、高投入成本与长回报周期

农业机械化已成为现代农业发展的重要趋势。然而，在山区这样的特殊地理环境中，农业机械化的发展面临着诸多挑战，其中最为突出的便是高投入成本与长回报周期的问题。

（一）农业机械化投入成本高昂

山区地势起伏大，这使得农业机械的购置、使用和维护成本远高于平原地区。首先，为了适应山区的特殊地形，农业机械需要进行定制设计，这些定制化的机械不仅价格昂贵，而且难以从市场上直接购买到。其次，山区的交通不便，导致农业机械的运输成本大幅增加。最后，由于山区农业生产的季节性强，农业机械的使用时间相对较短，这进一步提高了单位时间的折旧成本。

（二）回报周期长，资金压力大

由于投入成本高昂，山区农业机械化的回报周期往往较长。一方面，农业机械的购置成本需要在较长的时间内通过提高农业生产效率、降低人工成本等方式逐步回收。另一方面，由于山区农业生产的特殊性，如气候多变、土壤贫瘠等，使得农业机械的效益难以在短时间内显现。这些因素共同导致山区农业机械化的回报周期长，给农民和涉农企业带来了巨大的资金压力。

第三节　发展山区农业机械化的策略

一、全面推进山区农田宜机化改造

山区农业机械化成为提升农业生产效率、促进农民增收的关键环节。然而，由于山区地形复杂、基础设施薄弱等客观条件限制，山区农业机械化发展面临诸多挑战。探索山区农田宜机化改造的路径对于推动山区农业现代化具有重要意义。

（一）山区农田宜机化改造路径

1. 加强规划引导

针对山区地形复杂、资源分散的特点，应制定科学合理的农田宜机化改造规划。规划应充分考虑山区自然条件、农业产业结构和农民需求，明确改造目标、任务和措施，确保改造工作有序推进。

2. 完善基础设施

基础设施是山区农田宜机化改造的基础。应加大对山区农田水利、道路、电力等基础设施建设的投入，提高农田灌溉、排水和机械化作业能力。同时，加强农机具维修、保养和存放设施建设，为农机具的安全、高效使用提供保障。

3. 先易后难、集中连片、逐年推进

在山区农田宜机化改造过程中，应遵循先易后难、集中连片、逐年推进的原则。优先改造地形平坦、交通便利、农业产业集中的区域，形成示范效应。同时，注重集中连片改造，实现规模效应和集约化经营。在改造过程中，要逐年推进，确保改造质量和效果。

（二）全面推进山区农田宜机化改造的措施

1. 政策扶持

政府应加大对山区农田宜机化改造的政策扶持力度，制定优惠政策和措施，吸引社会资本投入。同时，加强对改造项目的资金支持和监管，确保资金使用的规范性和有效性。

2. 示范带动

在山区农田宜机化改造过程中应注重示范带动作用。通过建设一批农田宜机化改造示范点，展示改造成果和效益，引导农民积极参与改造。同时，加强示范点之间的交流和合作，形成相互促进、共同发展的良好局面。

3. 宣传引导

宣传引导是推进山区农田宜机化改造的重要手段。应加强对农田宜机化改造的宣传和推广，提高农民对改造工作的认识和参与度。通过举办培训班、现场观摩等方式，普及农业机械化知识和技术，提高农民的操作技能和水平。

4. 监管考核

监管考核是保证山区农田宜机化改造质量和效果的重要保障。应建立健全监管考核机制，对改造项目进行全程监管和考核评估。通过定期检查和随机抽查等方式，发现问题及时整改，确保改造工作的顺利进行和取得实效。同时，加强对改造项目的评估和验收工作，确保改造成果符合规划和要求。

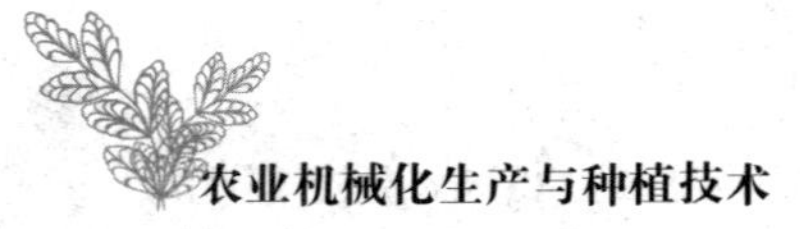

二、合理调整农机装备整体结构

山区农业机械化的发展随着农业现代化步伐的加快日益受到重视。山区农业生产条件特殊，对农机装备的要求更高。合理调整农机装备整体结构，推广适宜山区的中小型农机，加强农机科技创新，优化农机装备配置，成为推动山区农业机械化发展的重要策略。

（一）推广适宜山区的中小型农机

山区地形较为崎岖，大型农机难以适应其特殊的作业环境。应重点推广适宜山区的中小型农机。这些农机具有体积小、重量轻、灵活机动的特点，能够适应山区复杂多变的地形和作业需求。同时，政府应加大对中小型农机购置的补贴力度，提高农机普及率。

（二）加强农机科技创新

科技创新是推动农业机械化发展的关键。针对山区农业生产的特殊需求，应加强农机科技创新，研发出更多适合山区作业的农机具和装备。同时，引进先进技术和理念，提升农机装备的科技含量和智能化水平。此外，还应鼓励农民参与农机科技创新，挖掘他们的实践经验，发挥他们的创造力，推动农机装备的改进和升级。

（三）优化农机装备配置

优化农机装备配置是提高农机使用效率的重要途径。在山区农业机械化发展中，应根据当地农业生产的特点和需求，合理配置农机装备。一方面，要充分考虑山区地形和气候条件，选择适合的农机类型和型号；另一方面，要根据农业生产的不同阶段和作业需求，合理安排农机作业时间和任务分配。此外，还应加强农机维修和保养工作，确保农机装备的正常运行和延长使用寿命。

总之，合理调整农机装备整体结构是推动山区农业机械化发展的重要策略。通过多项措施的实施，可以有力地促进山区农业机械化水平的提高和农业生产方式的转变。

三、加强政策支持与引导

农业机械化在山区的发展面临着诸多挑战。为了促进山区农业机械化的全面发展，加强政策支持与引导显得尤为重要。下面将从制定相关政策、加大资金投入和加强宣传教育三个方面，探讨山区农业机械化发展的策略。

（一）制定相关政策

政策是推动山区农业机械化发展的关键。政府部门应针对山区农业发展的实际情况，制定切实可行的政策措施。首先，要完善农机购置补贴政策，对山区农民购买农业机械给予更多的财政支持，降低农机使用成本，提高农民购买农机的积极性。其次，要建立健全农机服务体系，加强农机维修、保养、培训等服务体系建设，为山区农民提供全方位的农机服务。此外，还应制定农机安全监管政策，加强农机安全监管，确保农机使用的安全性和可靠性。

（二）加大资金投入

资金投入是山区农业机械化发展的重要保障。政府部门应加大对山区农业机械化的财政投入力度，支持山区农业机械化项目的建设和实施。首先，要设立专项资金，用于支持山区农业机械化的研发、推广和示范。其次，要引导金融机构加大对山区农业机械化的信贷支持力度，降低贷款门槛，简化贷款手续，为山区农民购买农业机械提供资金支持。此外，还应鼓励社会资本进入山区农业机械化领域，形成多元化的投资格局。

（三）加强宣传教育

宣传教育是推动山区农业机械化发展的重要手段。政府部门应加强对山区农民的宣传教育力度，提高农民对农业机械化的认识和理解。首先，要利用广播、电视、报纸等媒体平台，广泛宣传农业机械化的好处和作用，引导农民转变观念，积极投身到农业机械化事业中来。其次，要组织专家和技术人员深入山区农村开展农业机械化技术培训和指导服务，帮助农民掌握现代农业机械的操作技能和维护保养知识。此外，还应举办农业机械展示会和现场演示活动，让农民亲身体验农业机械化的实际效果和优势。

总之，加强政策支持与引导是推动山区农业机械化发展的关键。政府部门应采取多项措施，为山区农业机械化的发展提供有力保障。同时，山区农民也应积极响应政策号召，学习掌握现代农业机械的操作技能和维护保养知识，共同推动山区农业机械化的全面发展。

四、加强农机服务体系建设

在农业现代化的浪潮中，山区农业的发展同样需要与时俱进，引入和推广先进的农业机械化技术是提高山区农业生产效率、促进农民增收的关键。然而，由于山区地形复杂、交通不便等因素，农业机械化在山区的发展面临诸多挑战，要从以下方面加强农机服务体系建设。

（一）完善农机服务网络

完善农机服务网络是加强农机服务体系建设的首要任务。首先，应加大投入，建设覆盖山区的农机服务站点，确保农机服务能够延伸到每个村落。其次，要优化服务网络布局，根据山区地形和农业生产特点，合理设置农机服务站点，提高服务效率。同时，加强农机服务站点之间的信息交流和资源共享，形成高效、便捷的农机服务网络。

（二）培育农机服务组织

培育农机服务组织是加强农机服务体系建设的重要环节。一方面，应鼓励和支持农民自发组建农机合作社、农机服务队等组织，提高农机服务的组织化、规模化水平。另一方面，加强对农机服务组织的培训和指导，提高其服务能力和水平。此外，还可以通过政策扶持、资金补贴等方式，引导和支持农机服务组织发展壮大，为山区农业机械化发展提供有力支持。

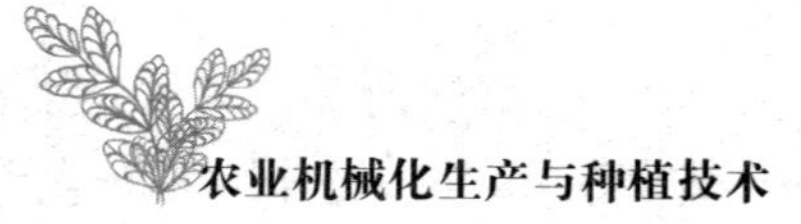

（三）加强农机安全管理

农机安全是农业机械化发展的前提和基础。在加强农机服务体系建设的过程中，必须高度重视农机安全管理。首先，应建立健全农机安全管理制度，明确农机安全管理的责任和要求。其次，加强农机安全宣传教育，提高农民的安全意识和操作技能。同时，加强农机安全监管和执法力度，严厉打击违法违规行为，确保农机安全生产。

在山区农业机械化的发展过程中加强农机服务体系建设具有重要意义。通过完善农机服务网络、培育农机服务组织、加强农机安全管理等措施，可以推动山区农业机械化水平的提高，促进农业增效、农民增收和农村经济的繁荣发展。未来，随着技术的不断进步和政策的持续支持，山区农业机械化将迎来更加广阔的发展前景。

五、发展机械化主导的山区特色产业

随着现代农业的快速发展，山区农业作为重要的组成部分，其机械化水平的提升对于提高生产效率、促进产业升级和助力乡村振兴具有至关重要的意义。下面将从挖掘山区资源优势、推进机械化与产业融合以及加强品牌建设三个方面，探讨发展农业机械化主导的山区特色产业策略。

（一）挖掘山区资源优势

山区农业资源得天独厚，具有丰富的生物多样性和独特的生态环境。在推动农业机械化过程中，首先要充分认识和利用这些优势资源。通过对山区特色农作物的品种改良和种植结构调整，实现资源的高效利用和产业的可持续发展。同时，根据山区地形地貌特点，研发适应山区作业的农业机械，提高农业生产的机械化水平。

（二）推进机械化与产业融合

推进机械化与山区特色产业的深度融合，是实现山区农业现代化的关键。一方面，要加强农业机械化技术的研发和推广，降低农民的劳动强度；另一方面，要积极探索山区农业机械化与特色产业融合发展的新模式，如发展“互联网＋农业机械化”，推动山区农业向数字化、智能化转型。此外，还要加强农业机械化服务体系建设，为农民提供全方位、多层次的机械化服务，促进山区特色产业的健康发展。

（三）加强品牌建设

品牌建设是提升山区特色产业竞争力的重要手段。在推进农业机械化过程中要注重品牌培育和保护。首先，要深入挖掘山区特色农产品的文化内涵和独特品质，形成具有地域特色的品牌形象。其次，要加强品牌营销和推广，通过线上线下相结合的方式，提高品牌知名度和美誉度。同时，还要加强品牌监管和保护，维护山区特色农产品的市场秩序和消费者权益。

总之，发展农业机械化主导的山区特色产业是推进山区农业现代化、促进乡村振兴的重要举措。通过在挖掘山区资源优势、推进机械化与产业融合以及加强品牌建设等多方面的努力，可以实现山区农业的高效、可持续发展，为农民增收致富、推动地方经济发展做出积极贡献。

六、加大小型农业机械设备研发力度

在山区农业中，农业机械化进程相对滞后。为了加快山区农业机械化的发展，必须加大小型农业机械设备的研发力度，以满足山区机械作业的特殊需求。

山区坡度大，作业环境复杂，给农业机械化带来了诸多挑战。传统的农业机械往往体积庞大、重量重，难以适应山区作业的需求。同时，山区交通不方便，大型农业机械的运输和维修成本高昂，也限制了农业机械化的推进。

（一）加大小型农业机械设备研发力度的必要性

1. 适应山区地形

小型农业机械设备体积小、重量轻，能够轻松适应山区复杂的地形条件。

2. 降低成本

小型农业机械设备价格相对较低，降低了农民的购机成本。同时，由于体积小、重量轻，运输和维修成本也较低，进一步降低了农民的经济负担。

3. 提高作业质量

小型农业机械设备具有操作灵活、作业精度高等优点，能够提高山区农业的作业质量，促进农业生产的可持续发展。

（二）加大小型农业机械设备研发力度的策略

1. 政策支持

政府应加大对小型农业机械设备研发的投入，制定相关扶持政策，鼓励企业和科研机构积极投入研发工作。同时，应加强对小型农业机械设备市场的监管。

2. 科技创新

企业和科研机构应加强科技创新，积极研发适应山区作业需求的小型农业机械设备。在研发过程中，应注重设备的适用性、经济性和环保性，确保设备能够满足农民的实际需求。

3. 人才培养

加强农业机械化人才队伍建设，培养一批懂技术、会操作、善管理的农业机械化人才。通过举办培训班、现场指导等方式，提高农民对小型农业机械设备的认识和操作水平。

4. 示范推广

建立小型农业机械设备示范推广基地，展示先进的小型农业机械设备和技术。通过示范推广，让农民了解小型农业机械设备的优点和效益，提高农民购买和使用小型农业机械设备的积极性。

加大小型农业机械设备研发力度是推动山区农业机械化发展的关键。通过对政策支持、科技创新、人才培养和示范推广等策略的实施，促进研发出更多适应山区作业需求的小型农业机械设备，提高山区农业的生产效率和作业质量，促进山区农业的可持续发展。

七、推进农机与农艺的深度融合

农业机械化随着现代农业的快速发展已成为提高农业生产效率、降低劳动强度、促进农业可持续发展的重要手段。然而，在山区农业中，由于地形复杂、气候多变等自然条件的限制，农业机械化的发展面临诸多挑战。如何根据山区自然环境特点，优化山区种植模式，促进农机与农艺的深度融合，成为当前山区农业机械化发展的关键。

（一）品种选育与农机适应性

品种选育在山区农业机械化发展中是首要环节。应根据山区的气候、土壤等自然条件，选择适应性强、抗病抗虫、产量高的作物品种。同时，在品种选育过程中，应充分考虑农机作业的适应性，选择适合机械化作业的品种，如茎秆粗壮、抗倒伏、成熟一致的作物品种，以便于机械化收割和脱粒。

（二）行距株距的科学确定

行距和株距是影响作物生长和机械化作业的重要因素。在山区种植模式中，应根据农机作业的需求，科学确定行距和株距。在机械化播种和收割作业中，应适当加大行距和株距，以便农机作业和通风透光。同时，在确定行距和株距的过程中，还应考虑山区地形和土壤条件，确保作物生长的稳定性和可持续性。

（三）农机与农艺融合的田间管理

田间管理是农业生产的重要环节，也是农机与农艺融合的关键。应充分发挥农机在山区农业生产中的优势，实现农机与农艺的深度融合。在施肥、灌溉、除草、病虫害防治等田间管理环节，应优先采用机械化作业方式，提高作业效率和作业质量。同时，还应根据山区自然环境特点，采用科学合理的农艺措施，如合理轮作、间作套种等，促进作物生长和产量提高。

（四）农机与农艺融合的高效生产模式

在山区农业机械化发展中应形成农机与农艺融合的高效生产模式。这种生产模式应充分考虑山区自然环境特点和机械化作业的需求，通过品种选育、行距株距确定、田间管理等环节的优化调整，实现农机与农艺的深度融合。同时，还应加强农机与农艺技术的研发和推广，提高农机作业的智能化、自动化水平。

（五）加强政策支持和人才培养

为了促进山区农业机械化的快速发展，政府应加强对农业机械化的政策支持和资金投入。制定符合山区需求的农业机械化发展规划和政策措施，鼓励农民购买和使用农机具，提高农机具的普及率和利用率。同时，还应加强农业机械化技术培训和人才培养工作，提高农民的技术水平和操作能力，为山区农业机械化的快速发展提供有力的人才保障。

总之，山区农业机械化的发展需要充分考虑山区自然环境特点和机械化作业的需求。加强政策支持和人才培养工作也是必不可少的措施。只有这样才能推动山区农业机械化的快速发展，提高农业生产效率和经济效益，为乡村振兴和农业现代化做出积极贡献。

第六章　我国农业机械化发展的高级阶段

第一节　我国农业机械化高级阶段发展目标预测

我国农业机械化随着科技的不断进步和农业现代化战略的深入实施已逐步进入高级阶段。这一阶段的到来，标志着我国农业生产方式从传统农业向现代农业的根本性转变，机械作业在农业生产中占据了绝对主导地位。下面将对我国农业机械化高级阶段的发展进行概述。

一、高级阶段的发展特点

1. 机械化水平显著提升

在高级阶段，我国农业机械化水平显著提高，耕种收综合机械化水平超过 70%，大量先进的农业机械设备被广泛应用于农业生产的各个环节。

2. 农业劳动力结构转变

农业劳动力占全社会从业人员的比重降低到 20% 以下，农民从繁重的体力劳动中解放出来，有更多的时间和精力投入农业经营管理和技术创新中，促进了农村经济的发展和农民生活水平的提高。

3. 农机装备智能化、信息化

农机装备逐步实现智能化、信息化，无人机、智能植保机器人等新型设备得到广泛应用，农业生产过程中的数据收集、分析、处理和应用能力得到显著提升，为精准农业、智慧农业的发展提供了有力支撑。

二、高级阶段的发展成就

1. 提高农业生产效率

农业机械化的高级阶段，通过广泛应用先进的农业机械设备和技术，大幅提高了农业

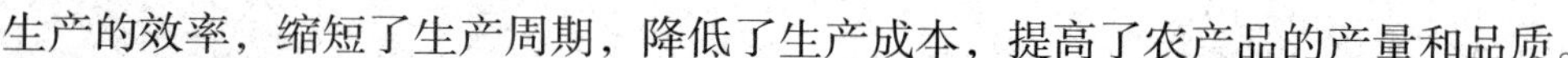

生产的效率，缩短了生产周期，降低了生产成本，提高了农产品的产量和品质。

2. 促进农村经济发展

农业机械化的推进带动了农村相关产业的发展，如农机制造、维修、销售等产业得到快速发展，对农村经济的繁荣起到了重要作用。

3. 改善农村生态环境

在农业机械化的高级阶段人们注重环保和可持续发展，通过采用先进的农业机械设备和技术，降低了农业生产对环境的污染和破坏，促进了农村生态环境的改善。

三、我国农业机械化高级阶段发展目标预测分析

我国农业机械随着科技的不断进步和农业现代化步伐的加快正逐步迈向高级阶段。农业机械在这一阶段的发展将更加注重技术创新、智能化、环保和可持续性，以更好地满足农业生产的需求，推动农业现代化进程，实现农民增收和农业可持续发展。

（一）技术创新引领农业机械化发展

1. 高端装备研发

在农业机械化高级阶段，我国将更加注重高端农业机械的研发和生产。通过引进国外先进技术，结合国内实际情况，不断推出具有自主知识产权的农业机械产品，满足农业生产对高效、精准、环保的需求。

2. 关键技术突破

在农业机械关键技术领域，我国将加强自主创新，突破一批制约农业机械化发展的核心技术。如动力传动技术、作业精准控制技术、智能化管理技术等，为农业机械化提供强有力的技术支撑。

3. 产学研深度融合

加强高校、科研机构和农机企业之间的合作，形成产学研深度融合的创新体系。通过产学研合作促进农业机械化技术的快速转化和应用。

（二）智能化农业机械成为主流

1. 智能化技术广泛应用

智能化技术在农业机械化高级阶段将广泛应用于农业机械的设计、制造和使用过程中。通过应用物联网、大数据、云计算等先进技术，实现农业机械的智能化控制和管理，提高农业机械的作业效率和精度。

2. 无人驾驶农业机械

随着自动驾驶技术的不断成熟和应用，无人驾驶农业机械将成为农业机械化发展的新趋势。无人驾驶农业机械能够自主完成耕作、播种、施肥、收割等作业任务。

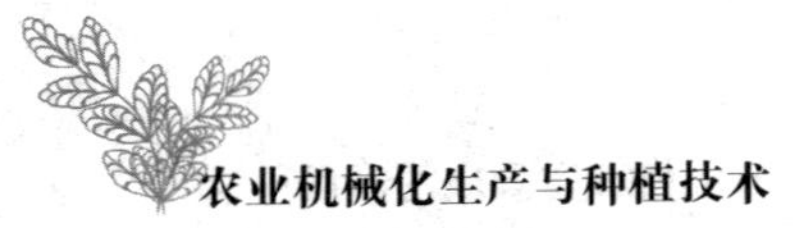

3. 农业机械智能化管理系统

建立农业机械智能化管理系统，对农业机械的运行状态、作业质量、能源消耗等进行实时监控和数据分析。通过智能化管理系统，实现农业机械的精准调度和优化配置，提高农业机械的利用效率和经济效益。

（三）绿色化农业机械备受关注

我国农业机械在高级阶段将更加注重环保和可持续发展。绿色化农业机械将成为发展的重点，通过采用环保材料和节能技术，降低农业机械的能耗和排放。同时，推广使用环保型农业机械，如生物降解农药喷洒机、秸秆还田机等，将有效减少农业生产过程中的环境污染和资源浪费。此外，绿色化农业机械还将注重废弃物的处理和利用，推动农业废弃物的资源化利用和循环经济发展。

（四）国际化农业机械市场不断拓展

随着全球农业现代化的推进，农业机械行业在国际市场上的竞争愈发激烈。我国农业机械化高级阶段的发展目标，也包括不断拓展国际化农业机械市场。

1. 提升国际竞争力

我国农业机械企业应加大研发投入，提高产品质量和性能。通过引进先进技术、加强自主创新等方式，提升我国农业机械在国际市场上的竞争力。同时，积极参与国际农业机械展览会、交流会等活动，与国际同行进行深入交流和合作，共同推动农业机械行业的发展。

2. 关注国际市场需求

我国农业机械企业应关注国际市场需求，灵活调整产品和服务。通过深入了解当地政策和法规，确保产品符合当地标准，为我国农业机械在国际市场上的拓展提供有力保障。

3. 积极参与国际合作与贸易

我国农业机械企业应积极参与国际合作与贸易。通过技术引进、项目合作等形式，提升自身的技术实力和市场份额。同时，加强与主要农产品进口国的贸易合作，推动我国农业机械产品走向世界。

（五）农业机械化服务体系建设更加完善

我国农业机械服务体系在高级阶段的建设将更加完善。通过建立健全的农业机械服务网络，提供农民所需的技术咨询、维修保养和培训等服务，促进农民更好地使用和维护农业机械。同时，加大对农业机械服务站的扶持力度，提高农业机械服务的质量和效率。这将有助于提升我国农业机械的普及率和应用水平，推动我国农业现代化进程的加速发展。

总之，我国农业机械化高级阶段的发展将更加注重技术创新、智能化、绿色化和国际化。未来，我国农业机械将不断迈向新的发展阶段，为农业生产的高效、安全、环保和可持续发展提供有力支撑。

第二节　我国农业机械化高级阶段发展策略

一、我国农业机械化高级阶段农机装备业发展策略

随着科技的不断进步和农业现代化水平的逐步提高，我国农业机械装备业已经进入了一个全新的发展阶段。农业机械作为现代农业的重要支撑，其发展水平直接关系到农业生产的效率和质量。制定科学、合理的发展策略，对于推动我国农业机械装备业向更高层次迈进具有重要意义。

（一）当前发展现状

近年来，我国农业机械装备业取得了显著成就。农机装备的科技含量不断提高，智能化、自动化水平逐步提升，农机产品的种类和数量也在不断增加。然而，与发达国家相比，我国农业机械装备业仍存在一些差距，如技术水平不够高、创新能力不足、农机服务体系不完善等。这些问题在一定程度上制约了我国农业机械装备业的进一步发展。

（二）发展策略

1. 加强科技创新，提升技术水平

科技创新是推动农业机械装备业发展的核心动力。应加大科研投入，鼓励企业、高校和科研机构开展合作，共同研发具有自主知识产权的农机装备和核心技术。同时，加强农机装备的智能化、自动化和数字化研究，提高农机装备的智能化水平和作业效率。

2. 加快农机装备更新换代，提高农机装备质量

随着农业生产方式的转变和农业机械化水平的提高，传统的农机装备已经难以满足现代农业的需求。应加快农机装备的更新换代步伐，淘汰老旧、低效的农机装备，引进和推广先进、高效、智能的农机装备。同时，加强农机装备的质量监管，确保农机装备的质量和安全。

我国农业机械装备业的发展已经进入了一个全新的阶段。面对新的发展机遇和挑战，我们应制定科学、合理的发展策略，加强科技创新，加快农机装备更新换代、完善农机服务体系，积极开展国际合作与交流。只有这样，才能推动我国农业机械装备业向更高层次迈进，为我国农业现代化的发展做出更大的贡献。

二、我国农业机械高级阶段科技创新体系建设策略

面对全球科技革命和农业现代化的挑战，如何构建高效的农业机械科技创新体系，推动农业机械向高级阶段发展，成为摆在人们面前的重要课题。

（一）明确科技创新体系建设的目标

农业机械高级阶段科技创新体系建设的首要任务是明确目标。这包括提高农业机械的

智能化、自动化水平，推动农业机械与信息技术的深度融合，实现农业机械的精准作业和高效管理。同时，还要注重农业机械的环保性和可持续性，推动农业机械的绿色化发展。

（二）加强基础研究和关键技术攻关

在农业机械高级阶段科技创新体系建设中，基础研究是关键。要加强对农业机械新材料、新技术、新工艺等基础领域的研究，推动农业机械关键技术的突破。同时，要加大对农业机械智能化、自动化技术的研发力度，提高农业机械的智能化水平和作业效率。

（三）优化科技创新体系布局

在优化科技创新体系布局方面，要形成产学研用紧密结合的科技创新体系。要加强农业机械科研机构、高校、企业之间的合作与交流，推动科技成果的转化和应用。同时，要建立健全的科技创新服务体系，为农业机械科技创新提供全方位的支持和服务。

（四）完善政策支持和保障措施

政策支持和保障措施是农业机械科技创新体系建设的重要保障。要加强政策研究，制定更加有利于农业机械科技创新的政策措施。要加大财政投入力度，支持农业机械科技创新项目的实施。同时，要加强知识产权保护，激发科技创新的积极性和创造性。

总之，构建我国农业机械高级阶段科技创新体系是一个复杂而系统的工程，需要从多方面入手，在加强基础研究、优化科技创新体系布局、加强人才培养和引进、完善政策支持和保障措施，以及注重国际合作与交流等方面积极开展工作。只有这样，才能推动我国农业机械科技创新向更高水平发展，为实现农业现代化和乡村振兴提供有力支撑。

三、我国农业机械高级阶段科技人才培养策略

随着农业现代化的快速推进，农业机械科技人才的需求日益迫切。作为世界上主要的农业大国之一，我国在提升机械化水平和现代化水平方面取得了显著成就，但与此同时，农业机械高级阶段科技人才的短缺问题也逐渐凸显。为了满足农业现代化对高级科技人才的需求，我国必须制定并实施有效的农业机械高级阶段科技人才培养策略。

（一）明确培养目标

农业机械高级阶段科技人才的培养，应明确以下目标。

1. 培养专业知识

培养具备扎实专业知识和技能的农机科技人才，以满足农业现代化对高级科技人才的需求。

2. 培养创新能力

提升农机科技人才的创新能力，推动农业机械技术的创新与发展。

3. 培养团队协作能力

培养农机科技人才的团队协作能力，为农业现代化贡献力量。

（二）优化课程体系

课程体系是农机高级科技人才培养的核心。在构建课程体系时，应注重以下方面。

1. 突出专业特色

针对农业机械专业的特点，设置与农业现代化密切相关的专业课程，如农业机械原理、农业机械化工程、农业机械智能化等。

2. 强化实践教学

加大实践教学的比重，通过实验、实训、实习等方式，提高学生的动手能力和实践能力。

3. 融入创新教育

将创新教育融入课程体系，培养学生的创新意识和创新能力，鼓励他们积极参与科研项目和技术创新活动。

（三）加强师资队伍建设

师资队伍是农机高级科技人才培养的关键。为了建设一支高水平的师资队伍，应采取以下措施。

1. 引进优秀人才

积极引进具有丰富实践经验和专业知识的高水平教师，为农机高级科技人才培养提供有力支持。

2. 加强教师培训

定期组织教师培训活动，提高教师的教育教学水平和科研能力，使他们能够更好地指导学生进行学习和研究。

3. 构建激励机制

建立完善的激励机制，鼓励教师积极参与教学、科研和社会服务等活动，提高他们的工作积极性和创造力。

（四）加强校企合作

校企合作是农机高级科技人才培养的重要途径。通过校企合作，可以提高人才培养质量。在校企合作中，应注重以下方面。

1. 建立实践基地

与农机企业合作建立实践基地，为学生提供实践操作的场地和设备，使他们能够更好地掌握农机操作和维护技能。

2. 开展科研合作

与企业合作开展科研项目和技术创新活动，为学生提供参与科研项目的机会，培养他们的科研能力和创新能力。

3. 拓展就业渠道

与企业建立紧密的合作关系，为学生提供更多的就业机会和职业发展空间，使他们能

够更好地适应市场需求和行业发展。

（五）加强国际交流与合作

国际交流与合作是提升农机高级科技人才培养水平的重要途径。通过与国际先进农业国家开展交流与合作，可以引进先进的教育理念、教学方法和科研技术，提高我国农机高级科技人才的培养质量。在国际交流与合作中，应注重以下方面。

1. 开展联合培养

与国际知名大学或研究机构开展联合培养项目，为学生提供国际化的学习环境和机会。

2. 举办国际学术会议

定期举办国际学术会议和研讨会，邀请国际知名专家学者来我国进行学术交流和技术合作。

3. 拓展国际视野

鼓励学生参加国际交流项目和活动，拓展他们的国际视野和跨文化交际能力。

我国农业机械发展的高级阶段科技人才培养策略应明确培养目标、优化课程体系、加强师资队伍建设、加强校企合作和国际交流与合作等，以培养出更多高素质、高技能的农机科技人才，为我国农业现代化的发展提供有力支持。

第七章　人工智能赋能农业机械化的探究

第一节　人工智能农机概述

人工智能（Artificial Intelligence，AI）已不再是科幻小说中的概念，而是逐渐渗透到人们生活的各个领域，其中也包括传统的农业领域。人工智能农机作为这一变革的标志性产物，正以其独特的优势引领着现代农业的新潮流。

一、人工智能农机的定义

人工智能农机是指集成了人工智能技术的农业机械设备。这些设备通过集成先进的传感器、控制器和算法，能够实现自动化、智能化的作业，从而极大地提高农业生产的效率和质量。

二、人工智能农机的优势

人工智能已经渗透到人们生活的方方面面，其中，农业领域也不例外。人工智能农机作为现代农业的重要组成部分，正以其独特的优势，引领着农业生产的革新与升级。

（一）精准化与高效化

人工智能农机通过集成先进的传感器、导航系统和机器学习算法，能够实现对农田的精准感知与高效作业。它们能够实时收集土壤湿度、温度、养分等数据，并根据这些信息为作物提供恰到好处的施肥、灌溉和除草等作业。这不仅避免了资源的浪费，也大大提高了作物的产量和质量。

同时，人工智能农机还能实现自动化播种、收割等作业，极大地提高了生产效率。传统的农业生产往往需要大量的人力投入，而人工智能农机能够在很大程度上代替人工。

（二）智能化决策支持

人工智能农机不仅能够执行具体的作业任务，还能为农业生产提供智能化的决策支持。

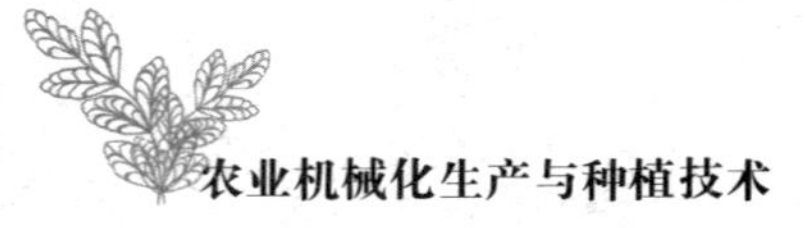

通过对历史数据的学习和分析，它们能够预测作物的生长趋势、病虫害发生概率等，帮助农民提前做出应对措施。此外，人工智能农机还能根据市场需求和气候变化等因素，为农民提供合理的种植建议和销售策略，帮助农民实现更好的经济效益。

（三）环境友好与可持续发展

在环境保护和可持续发展的背景下，人工智能农机也展现出了其独特的优势。通过精准施肥、灌溉和除草等作业，能够减少化肥、农药等化学物质的使用量。同时，人工智能农机还能够实现农作物的精准收获，减少浪费，提高资源的利用率。

此外，人工智能农机还能够根据作物的生长情况和市场需求等因素，实现作物的轮作和间作等种植模式，促进土壤肥力的恢复和生物多样性的保护。

（四）提升农业生产安全性

在农业生产过程中，安全问题一直是农民关注的重点。传统的农业生产中，农民需要长时间在田间劳作，面临着各种安全风险。人工智能农机能够降低农民在田间劳作的时间和强度，从而降低安全风险。

此外，人工智能农机还能够通过智能监测和预警系统，实现对农田环境的实时监测和预警。一旦出现异常情况，如火灾、病虫害等，系统能够立即发出警报并采取相应的应对措施，保障农业生产的安全。

（五）促进农业现代化发展

人工智能农机的应用和发展不仅能够提高农业生产的效率和质量，还能够促进农业现代化的整体发展。通过引入先进的科技手段和管理模式，人工智能农机能够推动农业生产的数字化、智能化和绿色化转型，为农业现代化的实现提供有力的支撑。

第二节　人工智能对农业机械化的影响

一、人工智能概述

在科技的浩瀚星空中，人工智能无疑是那最耀眼的一颗明星。它代表着人类对智慧边界的探索，是新一轮科技革命和产业变革的重要驱动力量。下面将对人工智能进行概述，带领大家领略这一领域的魅力与挑战。

（一）人工智能的定义

人工智能是指模拟、延伸和扩展人类智能的理论、方法、技术及应用系统。它试图理解智能的实质，并生产出能以与人类智能相似的方式做出反应的智能机器。人工智能的研究范围广泛，包括机器人、语言识别、图像识别、自然语言处理、专家系统、机器学习、计算机视觉等多个领域。

（二）人工智能的发展历史

人工智能的发展历史可以大致划分为五个阶段：起步发展期、反思发展期、应用发展期、平稳发展期和蓬勃发展期。自1943年人工智能概念被提出以来，经过几十年的探索与实践，人工智能技术取得了长足的进步。特别是在机器学习、深度学习等领域，人工智能的突破性成果层出不穷，为人类社会的发展带来了深远的影响。

（三）人工智能的特点

人工智能作为现代科技发展的一个重要分支，正逐渐渗透到人们生活的各个角落。从智能家居到自动驾驶，从医疗诊断到金融分析，AI 技术以其独特的优势和特点，为人类社会带来了巨大的变革。

1. 自主学习能力

AI 最显著的特点之一是它的自主学习能力。通过深度学习和机器学习技术，AI 系统能够不断地从大量数据中提取有用信息，优化自身性能，甚至能够在没有人为干预的情况下进行自我修正和完善。这种自主学习能力使得 AI 能够在复杂多变的环境中迅速适应，持续提供高质量的服务。

2. 高效处理能力

AI 在处理大量数据和信息方面展现出了惊人的能力。无论是数据分析、图像识别还是自然语言处理，AI 都能以极高的效率和准确性完成任务。这种高效处理能力不仅极大地提高了工作效率，还为人们节省了大量时间和精力，使人类能够专注于更具创造性和挑战性的工作。

3. 智能决策能力

随着算法的不断优化和数据的不断积累，AI 系统已经具备了越来越强的智能决策能力。它们能够根据历史数据和实时信息做出快速而准确的判断，为人们的决策提供有力支持。在医疗、金融、交通等领域，AI 的智能决策能力已经得到了广泛应用，并取得了显著成效。

4. 可塑性和适应性

AI 的另一个重要特点是其可塑性和适应性。通过调整算法和参数，AI 系统可以轻松地适应不同的应用场景和需求。这种灵活性使得 AI 能够在各个领域发挥重要作用，为人类社会带来更多的便利和可能性。

5. 持续进步性

AI 的发展是一个持续不断的过程。AI 系统的性能和能力在不断提高。从最初的简单任务到现在能够处理复杂问题，AI 的每一次进步都向人们展示了其巨大的潜力和无限的可能性。

然而，AI 的发展也面临着一些挑战和问题。例如，数据安全和隐私保护、算法偏见和道德伦理等问题都需要人们认真思考和解决。同时，人们也需要关注 AI 对就业市场和社会结构的影响，并采取相应措施来应对这些挑战。

总之，人工智能以其独特的特点和优势正在改变着我们的世界。人们应该积极拥抱这一变革，充分利用 AI 技术为我们带来的便利和可能性，同时也要关注其可能带来的问题和挑战，并努力寻找解决方案。只有这样，AI 技术才能真正推动人类社会的进步和发展。

二、人工智能的挑战与机遇

人工智能的发展面临着诸多挑战。首先，人工智能的算法和数据安全性问题亟待解决。随着人工智能技术的广泛应用，数据泄露、算法偏见等问题逐渐暴露出来，给个人和社会带来了安全隐患。其次，人工智能的伦理道德问题也备受关注。如何确保人工智能技术的公正性、透明性和可解释性，成为亟待解决的问题。此外，人工智能的发展还需要跨学科的合作与创新，以促进技术的持续进步和应用的不断拓展。

人工智能是当今世界科技发展的重要方向之一，它为人类社会的发展带来了深远的影响。在未来，随着技术的不断进步和应用的不断拓展，人工智能将在更多领域展现出巨大的潜力和价值。同时，我们也需要正视人工智能带来的挑战和问题，加强跨学科的合作与创新，共同推动人工智能技术的健康发展。

第三节　人工智能在农业机械化中的应用

一、人工智能技术在农业机械中的主要应用领域

（一）智能农业机器人

人工智能技术已经渗透到人们生活的方方面面，农业领域亦不例外。智能农业机器人的出现，不仅为农业生产带来了革命性的变化，也预示着农业机械化进入了全新的智能时代。

1. 智能农业机器人的定义与分类

智能农业机器人，作为新一代农业机械的代表，是指能够自主感知、学习和决策，并能执行各种农业任务的机器人系统。根据其功能和应用场景，智能农业机器人可分为多种类型，如播种机器人、施肥机器人、锄草机器人、收割机器人等。这些机器人通过搭载传感器、摄像头、AI 芯片等智能设备，实现了对农田环境的实时感知和精准作业。

2. 智能农业机器人的关键技术

（1）自主导航技术

智能农业机器人需要具备自主导航能力，以实现在农田中的自由移动和精准作业。这

主要依赖于 GPS 定位、视觉识别、激光雷达等技术。

（2）精准作业技术

通过搭载各种传感器和摄像头，智能农业机器人可以实时监测农田的土壤湿度、作物生长情况等信息，并根据这些信息智能调整作业参数，实现精准施肥、除草、收割等作业。

（3）人工智能技术

AI 技术在智能农业机器人中发挥着核心作用。通过机器学习、深度学习等技术，机器人可以不断优化作业策略，提高作业效率和质量。

3. 智能农业机器人的应用优势

智能农业机器人随着科技的飞速发展正逐渐成为现代农业的重要组成部分。这些高科技产物不仅极大地提高了农业生产的效率，还在许多方面带来了前所未有的优势，为农业的可持续发展注入了新的活力。

（1）高效性

智能农业机器人拥有高精度定位系统和强大的计算能力，可以准确地完成播种、施肥、灌溉、除草和收割等一系列农业生产活动。与传统的农业作业方式相比，机器人作业不受天气、时间和人力等因素的限制，可以全天候不间断地工作，从而大大提高了农业生产的效率。

（2）精确性

智能农业机器人能够通过传感器和图像处理技术，实时监测作物的生长情况和环境参数，如土壤湿度、温度、光照强度等。根据这些信息，机器人可以精确地调整作业参数，如播种密度、施肥量和灌溉量等，以满足作物生长的最佳需求。这种精确性不仅有助于提高作物的产量和品质，还能减少资源的浪费和环境的污染。

（3）适应性

智能农业机器人可以适应不同的农田环境和作物类型。通过预设的程序和算法，机器人可以自动识别不同作物的生长特点和管理需求，并采取相应的作业措施。此外，机器人还可以根据农田的地形和地貌特点，灵活地调整作业路径和方式，以确保作业的顺利进行。

（4）安全性

在农业生产中，使用农药和化肥等化学物质可能会对环境和人体健康造成危害。智能农业机器人可以通过精确控制化学物质的施用量和施用时间，来减少这些化学物质的使用量和潜在危害。同时，机器人还可以避免在作业过程中对人体造成直接伤害，从而提高了农业生产的安全性。

（5）智能化管理

智能农业机器人可以通过物联网和云计算等技术，实现与农业管理系统的无缝对接。通过收集和分析大量的农业数据，管理系统可以为农业生产提供科学的决策支持。例如，

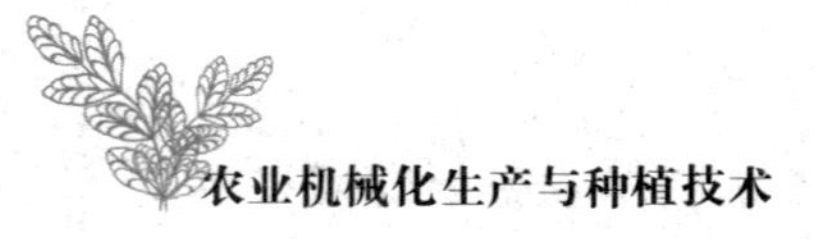

管理系统可以根据气象预报和作物生长情况，为机器人制订合理的作业计划；还可以根据市场需求和价格变化，为农民提供种植和销售的建议。这种智能化管理有助于提高农业生产的智能化水平和市场竞争力。

（6）可持续发展

智能农业机器人的应用有助于推动农业的可持续发展。通过精确控制资源的使用量和减少浪费，机器人可以降低农业生产的成本和对环境的压力。同时，机器人还可以提高作物的产量和品质，从而增加农民的收入和农业的效益。这种可持续发展模式有助于实现农业与环境的和谐共生。

综上所述，智能农业机器人在农业生产中具有显著的应用优势。随着技术的不断进步和应用的不断推广，相信智能农业机器人将在未来的农业生产中发挥更加重要的作用。

4. 智能农业机器人的发展前景

（1）智能化水平不断提高

未来的智能农业机器人将拥有更高的智能化水平。它们将能够通过深度学习、大数据分析等技术，不断优化自身的操作策略，提升农业生产效率。例如，智能农业机器人可以根据农田的土壤、气候等数据，智能调整播种密度、施肥量和灌溉量，实现精准农业管理。同时，这些机器人还能够实时监测农作物的生长情况，及时发现病虫害等问题，并采取相应的措施进行处理。

（2）多功能化趋势明显

随着技术的不断进步，智能农业机器人的功能将越来越多样化。除了传统的播种、施肥、除草和收割等功能外，未来的智能农业机器人还将具备更多的功能，如病虫害防治、土壤改良、环境监测等。这些机器人将能够全方位地满足农业生产的需求，为农民提供更加便捷、高效的服务。

（3）自主化程度加深

未来的智能农业机器人将拥有更高的自主化程度。它们将能够独立完成更多的农业生产任务，减少对人类劳动力的依赖。例如，智能农业机器人可以通过自主导航、自动避障等技术，实现自动化播种、施肥和收割等操作。同时，这些机器人还能够根据农田的实际情况，自主调整作业计划，实现最优化的农业生产管理。

（4）与物联网技术的深度融合

物联网技术将为智能农业机器人的发展提供有力支持。通过物联网技术，智能农业机器人可以实时获取农田的各种数据，如土壤湿度、温度、pH 值、光照强度等，为农业生产提供科学依据。同时，物联网技术还可以实现智能农业机器人之间的互联互通，形成智能农业机器人网络，实现协同作业和资源共享。

（5）绿色可持续发展

未来的智能农业机器人将更加注重绿色可持续发展。它们将采用更加环保、节能的设

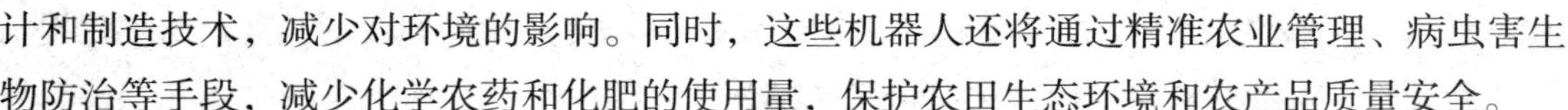

计和制造技术，减少对环境的影响。同时，这些机器人还将通过精准农业管理、病虫害生物防治等手段，减少化学农药和化肥的使用量，保护农田生态环境和农产品质量安全。

（二）农业无人机

人工智能技术已经深入人们生活的方方面面，其中，农业机械化领域更是迎来了前所未有的变革。作为 AI 技术与传统农业结合的杰出代表，农业无人机正以其独特的优势和广泛的应用前景成为推动农业现代化进程的重要力量。

1. 农业无人机的技术基础

农业无人机是搭载了各种先进传感器、控制器、导航系统等智能设备的无人驾驶飞行器。它们通过集成 AI 技术，能够实现对农田的精准监测、管理以及作业，极大地提高了农业生产的效率和精准度。

2. 农业无人机的应用优势

（1）精准作业

农业无人机通过搭载高精度导航系统和传感器，能够实现对农田的精准监测和作业。无论是播种、施肥、喷药还是收割，无人机都能够根据预设的飞行路线和作业计划，自动完成相关任务，大大减少了人工操作的误差和劳动强度。

（2）高效管理

通过 AI 技术的应用，农业无人机能够实时收集农田的环境数据、作物生长状况等信息，并通过大数据分析，为农民提供科学的决策依据。农民可以根据这些信息，精准调整灌溉、施肥等管理措施，提高资源利用效率。

（3）环保节能

农业无人机的应用，还能够有效减少化肥、农药等化学品的使用量。同时，无人机的高效作业也减少了农业机械的燃油消耗，有利于节能减排。

3. 农业无人机的实际应用案例

（1）精准施肥与喷药

在华北某大型农场，农业无人机被用于精准施肥和喷药。无人机搭载高精度导航系统和传感器，能够根据农田的实际情况，精确控制施药量和施肥量。这不仅提高了生产效率，还降低了化肥和农药的使用量，减少了环境污染。

（2）作物生长监测

在江南某水稻种植区，农业无人机被用于作物生长监测。无人机搭载多光谱相机和图像识别技术，能够实时获取水稻生长的高清图像和数据。农民可以及时了解水稻的生长状况、病虫害情况等，并采取相应的管理措施。

（3）智能播种与收割

在西部某农业科技园区，农业无人机被用于智能播种和收割作业。无人机搭载播种器和收割器，能够根据预设的飞行路线和作业计划，自动完成播种和收割任务。这不仅提高了播种和收割的效率和精准度，还降低了劳动强度。

4. 展望未来

随着 AI 技术的不断进步和应用场景的拓展，农业无人机将在农业机械化领域发挥更加重要的作用。未来，我们可以期待更多智能化、自动化的农业无人机出现，为农业生产带来更多便利和效益。同时，我们也需要关注农业无人机在数据安全、隐私保护等方面的挑战和问题，确保其在促进农业现代化进程中的积极作用得到充分发挥。

（三）智能传感器与物联网技术

人工智能技术已经渗透到人们生活的各个领域，其中农业领域也不例外。在农业机械化的进程中，智能传感器与物联网技术的应用正在为农业生产带来革命性的变化。下面将探讨这两种技术在农业机械化中的应用及其带来的益处。

1. 智能传感器在农业机械化中的应用

智能传感器是一种能够感知环境参数，并将其转化为数字信号输出的装置。在农业机械化中，智能传感器被广泛应用于农田环境监测、作物生长监测、农机作业监测等多个方面。

（1）农田环境监测

通过布设在农田中的智能传感器，可以实时监测土壤湿度、温度、pH 值、养分含量等关键参数。这些数据通过物联网技术传输到数据中心，为农民提供决策支持，帮助他们更好地管理农田。

（2）作物生长监测

智能传感器还可以用于监测作物的生长状况，如叶片颜色、茎秆高度、果实大小等。通过分析这些数据，农民可以了解作物的生长情况，及时发现生长异常，采取相应的管理措施，提高作物的产量和品质。

（3）农机作业监测

在农机设备上安装智能传感器，可以实时监测农机的工作状态，如油耗、行驶速度、作业面积等。这些数据有助于农民更好地掌握农机设备的运行情况，及时发现并解决问题，提高农机设备的利用率和作业效率。

2. 物联网技术在农业机械化中的应用

物联网技术通过无线传感器网络、云计算等技术手段，将各种设备、信息、服务连接起来，实现数据的实时采集、传输和处理。物联网技术在农业机械化中为智能传感器的应用提供了强有力的支持。

（1）农田信息化管理

通过物联网技术，农民可以实现对农田的信息化管理。他们可以通过手机或电脑远程查看农田的环境参数、作物生长情况等信息，并根据这些信息制订科学的种植计划和管理措施。这不仅可以提高农田的管理效率，还可以降低人力成本。

（2）智能农机作业

物联网技术还可以实现农机设备的智能作业。通过搭载智能传感器的农机设备，可以实现对农田的精准作业，如精准播种、精准施肥、精准灌溉等。这不仅可以提高农作物的产量和品质，还可以减少资源的浪费。

（3）农产品追溯与溯源

物联网技术还可以应用于农产品的追溯与溯源。通过在农产品生产过程中使用智能传感器和物联网技术，可以实现对农产品的生产、加工、运输等环节的全程监控和记录。消费者可以通过扫描产品上的二维码或访问网站，查看产品的生产地点、生产日期、生产加工流程等信息，增强对产品质量和安全的信心。

（四）数据分析与决策支持

人工智能技术正逐渐改变着农业生产的面貌。特别是在农业机械化领域，AI 技术的引入不仅极大地提高了生产效率，还通过精准的数据分析和决策支持，使得农业生产更加科学、高效。下面将探讨 AI 技术在农业机械化中的数据分析与决策支持应用。

1. 智能农机与数据分析

传统的农业机械虽然在一定程度上提高了农业生产效率，但往往缺乏智能感知和决策能力。而 AI 技术的引入，使得农机具备了自主感知、判断和决策的能力。通过搭载传感器、摄像头等设备，智能农机可以实时监测农田的土壤湿度、作物生长情况等信息，并将这些数据上传至云端进行分析。

在数据分析方面，AI 技术可以对收集到的海量农业数据进行深度挖掘和分析，提取出有价值的信息。例如，通过对土壤质量、气象数据等进行分析，AI 系统可以预测作物的生长趋势和病虫害风险。同时，AI 技术还可以根据作物的生长情况，自动调整灌溉和施肥的量，提高资源的利用效率。

2. 智能灌溉与决策支持

灌溉在农业生产中是至关重要的一环。传统的灌溉方式往往依赖于农民的经验和判断，容易造成水资源的浪费和农田的过度灌溉。AI 技术的引入使得灌溉变得更加智能化。

智能灌溉系统通过监测土壤湿度、气象数据等信息，可以自动调整灌溉时间和水量，保证农田的水分供应与需求相匹配。同时，AI 系统还可以根据作物的生长情况和气象预测数据，为农民提供科学的灌溉决策支持。

3. 智能病虫害监测与决策支持

病虫害是农业生产中不可避免的问题。传统的病虫害监测方式往往依赖于人工巡查和专家经验，效率低下且容易遗漏。AI 技术的引入使得病虫害监测变得更加智能化。

通过图像识别和深度学习算法，智能监测系统可以自动识别作物叶片上的病虫害，并及时发出预警。同时，AI 系统还可以根据病虫害的类型和程度，为农民提供相应的防治措施建议。这不仅可以提高病虫害的检测准确率和防治效果，还可以减少农药的使用量。

（五）农产品质量检测与分级

人工智能技术在农业领域的应用是引人瞩目的。特别是在农业机械化中，AI 技术的应用极大地推动了农产品质量检测的升级，为保障农产品质量安全、提高农业生产效率提供了有力支持。

1.AI 技术在农产品质量检测中的应用

传统的农产品质量检测往往依赖于人工操作和简单的化学分析，不仅效率低下，而且容易受到人为因素的影响，导致检测结果的准确性难以保证。而 AI 技术的应用，通过引入机器学习、图像识别、深度学习等先进技术，使得农产品质量检测实现了智能化、自动化和精准化。

（1）机器视觉在农产品检测中的应用

机器视觉技术能够模拟人眼对农产品进行视觉检测，通过摄像头捕捉农产品的图像信息，再利用图像处理和分析算法，实现对农产品外观、颜色、大小等特征的智能识别和分析。例如，在水果品质检测中，机器视觉技术可以准确识别水果的成熟度、病虫害情况以及表面损伤等，为水果分级和筛选提供科学依据。

（2）深度学习在农产品品质评估中的应用

深度学习技术通过模拟人脑神经网络的运作方式，能够实现对农产品品质的深入分析和评估。通过对大量农产品样本的学习，AI 深度学习模型可以自动提取农产品的特征信息，并构建出农产品的品质评估模型。在实际应用中，只需将待检测的农产品输入到模型中，即可快速获得其品质评估结果，大大提高了检测效率和准确性。

2.AI 技术推动农产品质量检测升级的意义

（1）提高农产品质量安全水平

AI 技术的应用使得农产品质量检测更加精准、高效，能够及时发现和消除农产品中的安全隐患，保障人民群众的食品安全。同时，通过智能化的品质评估，可以准确区分不同品质的农产品，为消费者提供更加优质、安全的农产品选择。

（2）推动农业现代化进程

农业现代化是我国农业发展的重要方向之一。AI 技术的应用为农业现代化提供了有力支持。通过智能化的农产品质量检测，可以实现农业生产的自动化、智能化和精准化，提高农业生产的效率和品质，推动农业现代化进程的不断加快。

总之，人工智能技术在农业机械化中的应用为农产品质量检测升级提供了有力支持。通过引入机器视觉、深度学习等先进技术，实现了农产品检测的智能化、自动化和精准化，为保障农产品质量安全、提高农业生产效率提供了有力保障。未来，随着 AI 技术的不断发展和应用，相信农产品质量检测将会迎来更加广阔的发展前景。

二、提升人工智能技术在现代农业机械中应用水平的对策

（一）加强研发和测试

人工智能技术已逐渐成为推动各行各业创新发展的关键动力。在农业机械化领域，AI技术的应用不仅提高了农业生产效率，还优化了资源配置，为现代农业的发展注入了新的活力。然而，要进一步提升AI技术在农业机械化中的应用水平，加强研发与测试是不可或缺的重要环节。

1. 加强研发：探索AI技术与农业机械化的深度融合

（1）跨学科研究

AI技术在农业机械化中的应用涉及计算机科学、机械工程、农学等多个领域，因此需要加强跨学科的研究合作，共同探索AI技术与农业机械化的深度融合点。

（2）创新算法研发

针对农业生产的特殊需求，研发更加高效、精准的AI算法，提高农业机械的自动化和智能化水平。

（3）智能化农机装备设计

结合AI技术，设计更加智能化、人性化的农机装备，降低操作难度，提高用户体验。

2. 加强测试：确保AI技术在农业机械化中的稳定可靠运行

（1）实地测试

在农田环境中对搭载AI技术的农机装备进行实地测试，检验其在实际应用中的性能表现，发现问题并进行改进。

（2）模拟测试

利用虚拟仿真技术，模拟不同天气、土壤等条件下的农业生产场景，对AI算法和农机装备进行模拟测试，以评估其适应性和可靠性。

（3）长期稳定性测试

对AI技术在农业机械化中的应用进行长期稳定性测试，确保其能够在长时间运行过程中保持稳定的性能。

3. 加强研发与测试的策略实施

（1）加大投入

政府、企业和社会各界应加大对AI技术在农业机械化中应用的研发投入，提高研发能力和水平。

（2）建立合作机制

加强产学研合作，建立AI技术与农业机械化融合发展的合作机制，共同推动技术创新和产业升级。

（3）培养人才

加强 AI 技术人才的培养和引进，建立一支具备跨学科知识和创新能力的高素质人才队伍。

（4）加强政策支持

政府应出台相关政策鼓励和支持 AI 技术在农业机械化中的应用，为企业提供税收减免、资金扶持等优惠政策。

总之，加强研发与测试是提升 AI 技术在农业机械化中应用水平的关键策略。通过加强跨学科研究、创新算法研发、智能化农机装备设计以及实地测试、模拟测试和长期稳定性测试等措施，我们可以推动 AI 技术在农业机械化中的深入应用，为现代农业的发展注入新的动力。

（二）数据隐私保护和制定安全标准

人工智能技术在农业机械化中的应用越来越广泛，从精准播种、智能灌溉到作物健康监测和产量预测，AI 技术为农业生产带来了革命性的变革。然而，随着数据量的不断增加和技术的深入应用，数据隐私保护和安全问题也日益凸显，成为制约 AI 技术在农业机械化中进一步发展的关键因素。因此，制定合理的数据隐私保护和安全标准显得尤为重要。

1. 明确数据隐私保护的重要性

AI 技术在农业机械化中需要收集、处理和分析大量的数据，包括土壤信息、气象数据、作物生长情况等。这些数据不仅涉及农民的隐私，还可能包含敏感的商业信息。一旦数据泄露或被滥用，将对农民和农业企业造成不可估量的损失。必须明确数据隐私保护的重要性，确保数据在收集、存储、传输和使用过程中的安全性。

2. 制定安全标准

（1）数据收集标准

在收集数据时，应明确告知农民数据收集的目的、范围和使用方式，并获得农民的明确同意。同时，应确保收集的数据仅限于实现特定目的所必需的范围，避免过度收集。

（2）数据存储标准

应建立安全的数据存储环境，采用加密技术保护数据的安全性。同时，应定期对数据进行备份和恢复测试，确保数据的完整性和可用性。

（3）数据传输标准

在数据传输过程中，应采用安全的传输协议和加密技术，确保数据在传输过程中不被窃取或篡改。同时，应限制数据传输的范围和方式，避免数据被非法获取。

（4）数据使用标准

在使用数据时，应遵守相关法律法规和道德规范，确保数据的合法性和正当性。同时，应建立数据使用权限管理机制，明确不同用户的数据使用权限和范围。

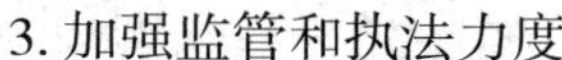

3. 加强监管和执法力度

为确保数据隐私保护和安全标准的有效实施，应加强监管和执法力度。相关部门应建立健全监管机制，对违反数据隐私保护和安全标准的行为进行查处和处罚。同时，应加强对农业企业和相关机构的监督和指导，确保其严格遵守数据隐私保护和安全标准。

4. 加强技术研发和创新

为提高数据隐私保护和安全水平，应加强技术研发和创新。通过引入先进的加密技术、区块链技术等手段，提高数据的加密和防伪能力。同时，应加强与其他领域的合作和交流，共同推动数据隐私保护和安全技术的发展与应用。

5. 提高农民和农业企业的安全意识

农民和农业企业是数据隐私保护和安全的重要参与者。应加强对农民和农业企业的宣传和培训，提高其数据隐私保护和安全意识。通过举办培训班、发放宣传资料等方式，让农民和农业企业了解数据隐私保护和安全的重要性及相关法律法规和标准要求，共同维护数据安全。

制定数据隐私保护和安全标准是提升AI技术在农业机械化中应用水平的重要策略之一。通过明确数据隐私保护的重要性、制定合理的数据隐私保护和安全标准、加强监管和执法力度、加强技术研发和创新以及提高农民和农业企业的安全意识等措施的共同努力下，可以更好地保障农业数据的安全性和隐私性，推动AI技术在农业机械化中的广泛应用和发展。

（三）提供培训和教育

人工智能技术在农业机械化中的应用愈发广泛，为农业生产带来了变革。然而，要充分发挥AI技术的潜力，提升其在农业机械化中的应用水平，培训和教育成为不可或缺的一环。下面旨在探讨如何通过提供培训和教育来有效提升AI技术在农业机械化中的应用水平。

1. 当前农业机械化中AI技术应用的挑战

尽管AI技术在农业机械化领域的应用前景广阔，但实际应用中仍面临诸多挑战。其中，人才短缺和技术应用水平不高是两大主要问题。一方面，农业领域的从业者普遍缺乏AI技术的专业知识和技能，难以充分发挥AI技术的优势；另一方面，农业机械化设备的智能化水平参差不齐，导致AI技术的应用效果有限。

2. 培训和教育在提升AI技术应用水平中的作用

培训和教育在提升AI技术在农业机械化中的应用水平中扮演着至关重要的角色。首先，通过培训和教育，可以提高农业从业者对AI技术的认识和了解，激发其学习和应用的积极性；其次，培训和教育可以传授AI技术的专业知识和技能，帮助农业从业者掌握AI技术的核心原理和操作方法；最后，培训和教育还可以促进农业从业者之间的交流和

合作，共同推动 AI 技术在农业机械化中的创新应用。

3. 提供培训和教育的策略

（1）制订针对性的培训计划

根据农业从业者的实际需求和技术水平，制订针对性的培训计划。培训计划应涵盖 AI 技术的基本原理、应用场景、操作方法等方面，确保农业从业者能够全面掌握 AI 技术的核心知识和技能。

（2）搭建多元化的培训平台

利用线上和线下相结合的方式，搭建多元化的培训平台。线上平台可以提供视频教程、在线答疑等服务，方便农业从业者随时随地进行学习；线下平台可以组织实地操作、现场教学等活动，提高农业从业者的实践能力和技术水平。

（3）加强产学研合作

加强与高校、科研机构等单位的合作，共同开展 AI 技术在农业机械化中的研发和应用工作。通过产学研合作可以汇聚各方资源，推动 AI 技术在农业机械化中的快速发展。

（4）建立激励机制

建立激励机制，鼓励农业从业者积极参与 AI 技术的培训和学习。可以设立奖学金、助学金等奖励措施，对在 AI 技术学习和应用方面表现突出的农业从业者给予表彰和奖励，激发其学习和应用的积极性。

提升 AI 技术在农业机械化中的应用水平是当前农业发展的重要任务之一。通过提供培训和教育，可以有效提高农业从业者对 AI 技术的认识和了解，掌握 AI 技术的核心知识和技能，推动 AI 技术在农业机械化中的创新应用。我们应该高度重视培训和教育在提升 AI 技术应用水平中的作用，制订有效的培训计划和策略，为农业机械化的发展注入新的动力。

（四）进行经济可行性分析

1. 成本效益分析

在推广 AI 技术在农业机械化中的应用时，需要对其成本效益进行综合分析。一方面，要充分考虑 AI 技术的研发、应用和维护成本；另一方面，要评估 AI 技术带来的效益，包括提高作业效率、降低生产成本、增加产量和品质等。通过比较成本和效益，判断 AI 技术在农业机械化中应用的经济可行性。

2. 投资回报率分析

投资回报率（return on investment，ROI）是衡量项目经济效益的重要指标。在推广 AI 技术在农业机械化中的应用时，应计算项目的投资回报率，以评估项目的经济效益。投资回报率越高，说明项目的经济效益越好，越值得投入。

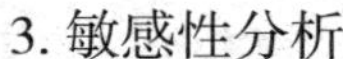

3. 敏感性分析

敏感性分析可以帮助人们了解不同因素对 AI 技术在农业机械化中应用的经济可行性的影响程度。通过敏感性分析，我们可以识别出关键的影响因素，并制订相应的风险应对措施，提高项目的经济效益。

4. 期间收益净值分析

期间收益净值（NPV）是一种常用的经济可行性分析方法。通过计算项目在不同时间段的现金流的折现值之和，并与项目成本进行比较，可以判断项目的经济可行性。如果期间收益净值大于零，说明项目具有经济可行性。

提升 AI 技术在农业机械化中的应用水平具有重要的战略意义和经济价值。通过经济可行性分析，可以评估项目的经济效益和风险水平，为相关决策者提供科学决策依据。

（五）定制化设计和技术支持

人工智能技术已成为推动各行各业创新的重要力量。在农业领域，机械化与人工智能技术的结合不仅提高了生产效率，还促进了农业的可持续发展。然而，要进一步提升人工智能技术在农业机械化中的应用水平，定制化设计和技术支持成为不可或缺的策略。

1. 定制化设计：满足农业生产的多样化需求

农业生产的多样性决定了农业机械的复杂性。不同的农作物、不同的种植方式、不同的地理环境，都需要与之相匹配的农业机械。定制化设计成为提升人工智能技术在农业机械化中应用水平的关键。

（1）精准识别与数据分析

利用人工智能的图像识别技术，对农作物进行精准识别，并根据数据分析结果，为不同农作物定制相应的农业机械。例如，根据作物的高度、密度、生长状态等信息，设计合适的收割机械。

（2）环境适应性设计

针对不同地区的气候、土壤、地形等环境因素，设计具有环境适应性的农业机械。例如，设计具有良好爬坡能力和稳定性的农业机械。

（3）智能化控制系统

将人工智能的深度学习、机器学习等技术应用于农业机械的控制系统，实现农业机械的自主导航、智能避障、精准作业等功能。同时，通过云计算和物联网技术，实现农业机械的远程监控和数据共享。

2. 技术支持：保障人工智能技术的有效应用

技术支持是保障人工智能技术在农业机械化中有效应用的基础。通过提供全面的技术支持，可以确保农业机械的稳定运行。

（1）技术培训与指导

为农民提供针对人工智能技术的培训和指导，使其了解并掌握农业机械的操作方法和维护技巧。同时，通过在线视频教程、专家咨询等方式，为农民提供实时的技术支持。

（2）维护与保养服务

建立完善的农业机械维护与保养体系，为农民提供及时的维修和保养服务。同时，通过智能诊断系统，对农业机械的运行状态进行实时监测，及时发现并解决问题。

（3）技术更新与升级

需要定期对农业机械进行技术更新和升级，以确保其始终处于最佳状态。同时，通过技术创新推动农业机械向更高效、更环保、更智能的方向发展。

定制化设计和技术支持是提升人工智能技术在农业机械化中应用水平的重要策略。通过定制化设计，可以满足农业生产的多样化需求；通过技术支持，可以保障人工智能技术的有效应用。未来，随着人工智能技术的不断进步和应用领域的不断拓展，相信农业机械化将迎来更加广阔的发展前景。

第八章　作物种植理论

第一节　种子

一、种子的定义与形态特征

（一）种子的定义

种子是植物体特有的器官，是植物繁衍后代的重要工具。在植物学中，种子通常指的是由胚珠发育而成的繁殖体，它通常包括种皮、胚和胚乳三个部分。种子被包裹在植物的果实中，当果实成熟后，种子会通过各种方式散播到外界，如借助风力、水力、动物传播等，以便在新的环境中生根发芽，继续生命的循环。

种子不仅是植物体的一部分，更是生命的延续。通过种子的传播和繁衍，植物能够在不同的环境中生存和繁衍，保证了植物种群的多样性和生态平衡。

（二）种子的形态特征

种子的形态特征多种多样，不同的植物种子具有不同的形态结构。以下是一些常见的种子形态特征。

1. 形状

种子的形状多种多样，有圆形、椭圆形、肾形、心形等。这些形状有助于种子在传播过程中的稳定性和适应性。

2. 大小

种子的大小也各不相同，从小如尘埃的兰花种子到重达数十千克的椰子种子，都体现了植物种类的多样性。

3. 颜色

种子的颜色也丰富多样，有黑色、棕色、黄色、白色等。这些颜色可能与种子的传播方式、储存条件和适应性有关。

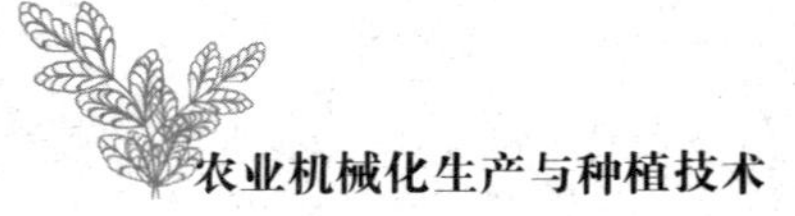

4. 种皮

种皮是包裹在种子外面的硬壳，它可以保护种子免受外界环境的侵害。种皮的厚度和硬度因植物种类而异，有些种子的种皮非常坚硬，需要经过特殊处理才能发芽。

5.胚

胚是种子中最重要的部分，它是由受精卵发育而成的幼小植物体。胚包括胚芽、胚轴、胚根和子叶等部分，它们共同构成了未来植物体的基本结构。

6. 胚乳

胚乳是种子中储存养分的部分，它通常是由受精的极核细胞发育而来。胚乳中含有丰富的营养物质，如淀粉、蛋白质和脂肪等，这些营养物质可以为种子发芽和幼苗生长提供能量和营养支持。

除了以上这些基本特征外，还有一些特殊的种子具有独特的形态特征。例如，有些种子具有翅膀或绒毛等结构，可以帮助它们在空中传播；有些种子则具有黏性物质或刺等结构，可以附着在动物身上进行传播。这些特殊的形态特征都体现了植物对于环境的适应性和生存策略。

种子作为植物体的繁殖器官，其定义和形态特征都体现了植物种类的多样性和复杂性。通过对种子的研究，我们可以更深入地了解植物的生长发育规律和生态适应性。

二、种子的分类

在植物学的世界中，种子担当着繁衍后代、传播基因的重要角色。种子的形态、结构和组成因植物种类的不同而有所差异。其中，胚乳的存在与否是区分种子类型的重要特征之一。下面，我们将深入探讨有胚乳和无胚乳两大类种子，并进一步细分至双子叶和单子叶植物。

（一）有胚乳种子

胚乳是种子中储存养分的组织，它通常占据种子的大部分体积，为胚的发育提供必要的营养。有胚乳种子可根据其所属的植物类别进一步细分为双子叶有胚乳种子和单子叶有胚乳种子。

1. 双子叶有胚乳种子

双子叶植物，即其种子在萌发时会长出两个子叶的植物，通常被认为不含有胚乳。然而，也有一些特殊的双子叶植物种子是含有胚乳的，如蓖麻、烟草和柿等。这些种子的胚乳通常较为发达，富含淀粉、脂肪和蛋白质等营养物质，为胚的发育提供了充足的能量来源。

2. 单子叶有胚乳种子

单子叶植物，即其种子在萌发时只会长出一个子叶的植物，普遍具有发达的胚乳。这些胚乳组织在种子萌发时起着至关重要的作用，为胚提供了所需的养分。典型的单子叶有胚乳种子包括玉米、小麦、水稻等谷物类作物，它们的胚乳组织经过加工后成为人们日常饮食中的重要组成部分。

（二）无胚乳种子

与有胚乳种子相比，无胚乳种子在结构上更为简化，其养分主要储存在子叶中。这类种子同样可以根据植物类别细分为双子叶无胚乳种子和单子叶无胚乳种子。

1. 双子叶无胚乳种子

大部分双子叶植物的种子都属于无胚乳种子，如豆类（黄豆、绿豆）、花生、向日葵等。这些种子的子叶在萌发后会迅速生长，成为幼苗的主要营养来源。子叶中富含的蛋白质、脂肪和碳水化合物等营养物质，为幼苗的生长和发育提供了必要的支持。

2. 单子叶无胚乳种子

单子叶无胚乳种子相对较少见，但在植物界中仍有一定数量。这类种子通常具有较为特殊的结构和生活习性，如兰科植物中的某些种类。这些种子的养分主要储存在其他组织中，而非子叶或胚乳中。

种子的分类是一个复杂而有趣的话题。通过了解有胚乳和无胚乳种子的区别以及它们在双子叶和单子叶植物中的分布情况，我们可以更深入地理解植物的生长和繁衍机制。同时，这些知识也有助于我们更好地利用植物资源。

三、种子的物理性探究

（一）种子物理性的定义

种子的物理性是指种子在物理状态下所表现出来的各种特性和属性。这些物理特性不仅关系到种子的储存、运输和加工，还直接影响到种子的萌发、生长以及最终作物的产量和质量。通过对种子物理性的深入了解和研究，我们可以更好地掌握种子的处理技术和储存条件，为农业生产提供有力支持。

（二）种子物理性的内容

1. 比重

种子的比重是指单位体积种子的质量与其同体积水在 4 ℃时的质量之比。它反映了种子与水的密度差异，对于种子的沉浮性有重要影响。通过比重测试，可以初步判断种子的饱满度和成熟度。

2. 容重

容重是指单位体积内种子的质量，通常以 kg/m^3 表示。容重的大小与种子的种类、品种、成熟度、含水量以及加工处理等因素有关。容重是评价种子质量的重要指标之一，也是种子储存和运输时需要考虑的因素。

3. 孔隙度

孔隙度是指种子堆中空隙体积占总体积的百分比。孔隙度的大小与种子的形状、大小、排列方式以及杂质含量有关。适当的孔隙度有利于种子的通风透气和保持干燥，避免霉变和发热。

4. 密度

密度是指单位体积内种子的质量，与容重相似但计算方式略有不同。密度反映了种子的紧实程度，对于种子的包装和储存具有重要意义。

5. 散落性

散落性是指种子从一定高度自由落下后，在平面上形成的堆积状态。散落性好的种子容易分散，有利于播种和混合。散落性与种子的形状、大小、表面粗糙度以及含水量等因素有关。

6. 自动分级

自动分级是指种子在振动或流动过程中，由于形状、大小、质量等差异而自然分离的现象。自动分级会影响种子的均匀性和播种质量，因此在种子处理过程中需要采取措施避免或减轻自动分级现象。

7. 吸附性

吸附性是指种子表面吸附水分或其他物质的能力。吸附性强的种子容易受潮和感染病菌，影响储存和萌发。通过测定种子的吸附性，可以评估种子的储存性能和萌发潜力。

8. 平衡水分

平衡水分是指种子在特定温度和湿度条件下，经过一定时间后达到的水分含量稳定值。平衡水分是评价种子储存稳定性和安全性的重要指标之一。通过控制储存环境的温度和湿度，可以调节种子的平衡水分含量，延长种子的储存寿命。

9. 硬度

硬度是指种子抵抗外界压力和变形的能力。硬度的大小与种子的种皮厚度、结构和化学成分有关。硬度高的种子具有较强的抗压能力和耐磨性，有利于种子的储存和运输。同时，硬度也是评价种子机械损伤敏感性和萌发率的重要指标之一。

（三）种子物理性影响因素探析

种子作为植物繁殖的基础，其物理性质对于植物的生长、发芽率及后续的生长周期具有至关重要的作用。了解种子物理性的影响因素，不仅有助于提升种子的存储效率，还能在育种和种植过程中提供更科学的指导。下面将从种子的物理特性入手，探讨影响其物理性的主要因素。

1. 种子大小与形状

种子的大小和形状是其物理性质中最直观的表现。种子的大小直接影响到其储存时的密度和透气性，进而影响储存效果和发芽率。较大的种子通常含有更多的养分，有利于幼苗的生长，但储存时占用的空间也更大。形状方面，圆形或椭圆形的种子在滚动和运输时更为方便，而扁平或长条形的种子则可能在处理过程中易造成破损。

2. 种子密度与硬度

种子的密度和硬度是衡量其物理性质的重要指标。密度高的种子通常含有更多的营养物质，对幼苗的生长较为有利，但过高的密度可能导致种子在储存时过于紧密，影响透气性。硬度则反映了种子的机械强度，硬度适中的种子在播种时不易受损，有利于发芽。

3. 种子水分含量

水分含量是影响种子物理性质的关键因素之一。适当的水分含量可以保持种子的活性和发芽能力，但过高的水分含量可能导致种子发霉、变质，影响发芽率。在种子的储存和运输过程中，控制水分含量至关重要。

4. 遗传因素

遗传因素是种子物理性质的基础。不同植物种类和品种之间的种子物理性质差异显著。例如，有些植物种子较小，适合风媒传播；而有些种子较大，富含营养物质，为幼苗提供充足的能量。此外，种子的形状、颜色、硬度等特性也往往与遗传背景密切相关。

5. 环境因素

环境因素对种子物理性质的影响主要表现在种子发育过程中。温度、光照、水分和土壤条件等因素都会影响种子的生长和发育，从而影响其物理性质。适宜的温度和湿度条件可以保持种子的活性和稳定性，但过高或过低的温度和湿度都可能对种子造成损害。例如，高温可能导致种子失水、变质，而低温则可能使种子进入休眠状态，影响发芽。湿度过高则容易导致种子发霉、变质，湿度过低则可能导致种子失水、干裂。

例如，高温可能导致种子发育不良，降低其硬度和耐储存性；而充足的光照和水分则有助于种子充分发育，提高其质量和活力。

6. 存储条件

存储条件是影响种子物理性质的重要因素之一。种子的含水量、温度、湿度以及存储时间等因素都会影响其物理性质。过高的湿度可能导致种子发霉、腐烂，降低其发芽率；而过低的温度则可能使种子进入休眠状态，影响其发芽能力。合理的存储条件对于保持种子良好的物理性质至关重要。

7. 处理方法

种子处理方法也会对其物理性质产生影响。例如，通过机械处理可以去除种子的外壳或种皮，提高其发芽率和生长速度；而通过化学处理可以改变种子的生理状态，提高其抗逆性和适应性。然而，不当的处理方法也可能对种子造成损伤，降低其质量和活力。

8. 种子成熟度和健康状况

种子的成熟度和健康状况直接影响其物理性质。成熟度高的种子通常具有更好的物理性质，如较高的发芽率、较强的生长势和较长的寿命。健康状况良好的种子不易受到病虫

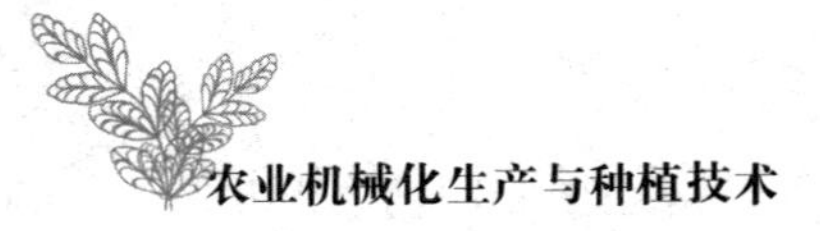

害的侵袭，能够更好地保持其物理性质。

种子物理性质的影响因素众多，包括遗传、环境、存储条件、处理方法以及种子成熟度和健康状况等。为了保持种子良好的物理性质，需要综合考虑各种因素，采取合理的措施进行管理和处理。同时，对于不同种类和品种的种子，还需要根据其特性制订有针对性的管理和处理方案，以最大限度地发挥其潜力。

种子物理性的影响因素众多，包括种子本身的大小、形状、密度、硬度以及水分含量等内在因素，以及温度、湿度、机械处理和储存条件等外部环境因素。在种子的储存、运输和种植过程中，需要综合考虑这些因素，制订科学的处理和管理措施，以保证种子的质量和发芽率。同时，随着科技的发展，新的技术和方法也在不断涌现，为种子的物理性质研究和应用提供了更多的可能性。

四、选择种子

在农业生产的各个环节中，种子的选择无疑是至关重要的一步。种子的质量直接关系到农作物的产量、品质和抗逆性。在进行大面积种植前，对种子进行精心的选择与本地适应性测试，是确保农业生产成功、降低种植风险的关键。

（一）种子的筛选

种子的选择需要综合考虑多个因素，包括品种特性、种子质量、种植环境等。在选择种子时，应优先选择适应当地气候、土壤等自然条件的品种，以确保种子能够在本地生长良好。同时，种子的质量也是不容忽视的，应选择健康、无病虫害、发芽率高的种子。

（二）种子的适应性测试

为了确保种子在本地具有良好的适应性，需要进行一系列的适应性测试。这些测试可以包括室内发芽试验、田间小区试验和示范推广等步骤。

1. 室内发芽试验

通过模拟不同的环境条件，如温度、湿度等，对种子进行发芽测试，初步评估种子的发芽能力和生长势。

2. 田间小区试验

在选定的地块上，设置不同品种、不同处理的试验小区，进行田间对比试验。通过对比不同品种在本地条件下的生长表现、产量和品质等指标，进一步评估种子的适应性。

3. 示范推广

在小区试验取得成功后，可以选择具有代表性的地块进行示范推广，让更多的农户了解和认识新品种的优点和种植技术。

（三）大面积种植与种植风险的抵抗

经过严格的适应性测试后，如果种子在本地表现出良好的适应性，那么就可以考虑进

行大面积种植了。然而，在种植过程中，仍然需要采取一系列措施来抵抗种植风险。

1. 合理规划种植布局

根据土地类型、气候条件等因素，合理规划种植布局，避免单一作物连作带来的病虫害问题。

2. 加强田间管理

通过科学施肥、合理灌溉、病虫害防治等措施，提高农作物的生长势和抗逆性。

3. 推广现代农业技术

利用现代农业技术，如精准农业、智能农业等。

4. 建立风险预警机制

通过气象预报、病虫害监测等手段，建立风险预警机制，及时发现并应对各种农业风险。

总之，种子的选择与适应性测试是农业生产中不可或缺的一环。通过精心选择和测试，可以确保种子在本地具有良好的适应性，为大面积种植打下坚实的基础。同时，在种植过程中采取一系列措施来抵抗种植风险也是确保农业生产成功的关键。

五、种子的价值

在广袤无垠的农田上，一颗颗种子承载着丰收的希望，它们不仅是生命的起点，更是农业生产中最基本、最重要的生产资料。随着全球人口的不断增长、环境的日益恶化以及耕地面积的逐渐减少，农业生产面临着前所未有的挑战。单产高、抗性好的种子需求日益凸显，其市场竞争优势也将决定着未来农业竞争的主动权。

（一）种子的基础价值

种子是农业生产的起点，它们携带着遗传信息，通过播种、生长、开花、结果等过程，将自身的优良特性传递给后代。优质种子具有高产、优质、抗病、抗虫、抗旱等多种优良性状，这些特性直接影响到农作物的产量和品质，进而决定着农民的收入水平和生活质量。

（二）种子在应对挑战中的作用

1. 种子能够提高农业生产效率

随着耕地面积的减少，提高单位面积产量成为农业生产的重要目标。优质种子通过提高作物的光合作用效率、优化养分吸收利用等方式，实现了作物产量的显著提升，有效缓解了土地资源的紧张状况。

2. 种子能够增强作物抗性

在全球气候变化和环境污染日益严重的背景下，作物面临着更多的生物和非生物胁迫。优质种子通过基因改良和育种技术，增强了作物的抗病、抗虫、抗旱、抗盐碱等能力，减少了农药和化肥的使用量，降低了农业生产成本。

3. 种子能够促进农业可持续发展

优质种子的推广和应用，有助于推动农业生产的绿色化、生态化和可持续发展。通过

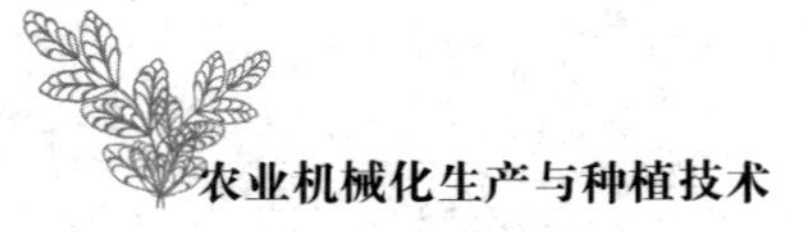

减少化肥和农药的使用量，保护生态环境；同时，优质种子还能够提高作物的抗逆性和适应性，增强农业生产的稳定性和可持续性。

（三）种子市场竞争与未来农业竞争

目前，种子市场竞争日益激烈。各大种子公司纷纷加大研发投入，通过生物技术、基因编辑等高科技手段，培育出更多具有优良性状的种子品种。这些种子不仅具有更高的产量和更好的品质，还能够适应更广泛的种植环境和气候条件。

未来农业竞争的核心在于种子的竞争。拥有优质种子资源的企业将占据市场竞争的制高点，获得更大的市场份额和更高的利润。同时，这些企业还能够通过技术创新和品种改良，不断推出符合市场需求的新品种，满足消费者对优质农产品的需求。

总之，种子作为农业生产中最基本、最重要的生产资料，其价值不容忽视。在全球人口增长、环境恶化、耕地面积减少的背景下，农业生产对于单产高、抗性好的种子需求越来越明显。只有不断加强种子研发和推广力度，提高种子的品质和产量水平，才能确保农业生产的稳定和可持续发展。同时，种子市场竞争也将成为未来农业竞争的关键所在，只有拥有优质种子资源的企业才能在激烈的市场竞争中立于不败之地。

第二节　作物的生长发育与器官形成

一、作物的生长发育

（一）作物的生长

在广袤的大地上，各种作物如同自然的诗篇，以其独特的生命力点缀着四季。作物的生长，不仅是大自然的杰作，更是生命的奇迹。下面将探讨作物生长的概念及其关键要素：光、温度和水。

1. 作物生长的概念

作物生长，是指作物体通过细胞分裂和细胞伸长，实现体积和重量的不可逆增加的过程。这个过程伴随着作物从种子发芽、生长、开花到结果的全过程。作物的生长不仅仅是简单的体积增大，更包含了复杂的生理变化和代谢过程。

2. 作物生长的要素

（1）光

光是作物生长的第一要素。光合作用是作物生长过程中最重要的化学反应，它利用光能将二氧化碳和水转化为有机物，并释放氧气。这个过程为作物提供了必要的能量和营养，支持其生长和发育。不同作物对光照的需求不同，有些作物喜阳，需要充足的光照才能进

行光合作用；而有些作物则较为耐阴，能在光照不足的环境下生长。

（2）温度

温度是影响作物生长的重要因素之一。适宜的温度可以促进作物的新陈代谢和生长发育，使其保持旺盛的生命力。过高或过低的温度都会对作物造成不良影响。高温会导致作物蒸腾作用加剧，水分散失过快，影响作物的正常生长；而低温则会使作物生长缓慢，甚至停止生长。合理调控温度对保障作物正常生长至关重要。

（3）水

水是作物生长不可或缺的物质。水分是作物体内的重要组成部分，参与了作物的各种生理过程。在作物生长过程中，水分不仅用于维持细胞的正常形态和功能，还参与了光合作用、呼吸作用等代谢过程。同时，水分还是作物体内营养物质的运输载体，对保障作物正常生长具有重要意义。然而，水分过多或过少都会对作物造成不良影响。过多的水分会导致作物根系缺氧，影响根系的正常功能；而过少的水分则会使作物生长受阻，出现萎蔫、干枯等现象。合理灌溉、保持土壤适宜的水分含量对保障作物正常生长至关重要。

3. 作物生长的周期

作物生长的周期，是大自然赋予生命的独特韵律，是土地、阳光、水分和空气共同编织的壮丽诗篇。作物从种子破土而出，到幼苗茁壮成长，再到成熟收获，每一个阶段都充满了生命的活力和自然的魅力。

（1）种子萌发期

作物的生长始于一颗微小的种子。在适宜的温度、湿度和土壤条件下，种子开始吸收水分，膨胀并打破种皮，释放出内部的胚芽。这是生命的起点，也是作物生长周期中最关键的阶段。在这个阶段，种子的质量和土壤的环境对作物的生长有着至关重要的影响。

（2）幼苗生长期

种子萌发后，幼苗开始破土而出，展现出生命的绿色。作物需要充足的阳光和水分，以及适宜的土壤环境来支持其生长。幼苗的根系逐渐发育，茎叶也开始茂盛生长。这个时期的作物对营养的需求逐渐增加，因此适当施肥和灌溉是至关重要的。

（3）生殖生长期

随着幼苗的生长，作物逐渐进入生殖生长期。作物开始开花、结果或形成块茎等生殖器官。这是作物生长周期中最具观赏性的阶段，也是农民最为期待的时期。作物需要更多的阳光和养分来支持其生殖器官的发育和成熟。同时，适当的防治措施也是必不可少的，以防止病虫害的侵害。

（4）成熟收获期

当作物的生殖器官完全成熟时，就进入了成熟收获期。这是作物生长周期的最后一个阶段，也是农民最为忙碌的时期。农民需要适时地收割作物，以保证其品质和产量。同时，农民对收获后的作物也需要进行妥善的储存和处理，以延长其保质期和提高其附加值。

作物生长的周期是一个充满生命力和自然魅力的过程。在这个过程中，作物经历了从种子到幼苗、从生殖生长到成熟收获的漫长旅程。每一个阶段都需要适宜的环境条件和农民的精心照料才能顺利进行。通过了解作物生长的周期和每个阶段的特点我们可以更好地理解生命的奥秘和大自然的神奇力量。同时，也有助于人们更好地进行农业生产，提高作物的产量和品质，为人类的生存和发展做出更大的贡献。

（二）作物的发育

1. 作物发育的定义

作物发育，是指作物从种子萌发到成熟这一过程中，细胞、组织和器官的分化形成过程。这一过程不仅涉及作物形态、结构和功能上的质的变化，也包含了作物生命周期中各种生命现象的综合体现。简单来说，作物发育就是作物个体在其生命周期中所经历的生长、繁殖等所有生理活动的总和。

2. 作物发育的特点

作物发育的特点多种多样，涵盖了从种子萌发到成熟的各个阶段，以及在这些阶段中作物所展现出的独特生理特性和生命活动。

（1）生命周期的多样性

作物的生命周期从种子萌发开始，经历幼苗期、生长期、开花期、结果期等多个阶段，直至最终成熟。不同类型的作物其生命周期的长度和具体阶段划分存在差异。例如，有的作物生长周期较短，只需数月就能完成整个生命周期；而有的作物则可能需要数年甚至更长的时间。

（2）生长与发育的交替进行

生长和发育是作物生命中两种基本的生命现象。生长是指作物个体、器官、组织和细胞在体积、重量和数量上的增加，是一个不可逆的量变过程；而发育则是指作物细胞、组织和器官的分化形成过程，是作物形态、结构和功能上的质的变化。在作物发育过程中，生长和发育是交织在一起进行的，生长的累积导致发育，发育又是下一轮生长的开始。

（3）营养器官与生殖器官的形成和生长

作物在发育过程中会形成各种营养器官和生殖器官。营养器官包括根、茎、叶等，是作物进行光合作用和获取养分的主要部位；生殖器官则是指用于繁殖后代的部分，包括花、果实、种子等。不同类型的作物在营养器官和生殖器官的形成和生长方面也存在差异。

（4）对环境条件的适应性和抗逆性

作物在发育过程中需要面对各种环境条件的变化，如温度、光照、水分、土壤等。为了在这些变化中生存和繁衍，作物必须具备一定的适应性和抗逆性。这种适应性和抗逆性使得作物能够在各种环境下生存下来，并通过不断进化，更好地适应环境变化。

总之，作物发育是一个复杂而多样化的过程，涉及作物的生命周期、生长与发育的交替进行、营养器官与生殖器官的形成和生长以及对环境条件的适应性和抗逆性等多个方面。了解这些特点有助于人们更好地理解和掌握作物生长发育的规律，为农业生产提供科学依据。

3. 作物的生育期与生育时期

作物的生长和发育是一个复杂而精细的过程，其中涉及多个关键阶段，我们通常称之为生育期和生育时期。这些阶段不仅影响着作物的最终产量和品质，也决定着农业生产的周期和效率。下面将详细探讨作物的生育期与生育时期，以及它们对农业生产的重要性。

（1）作物的生育期

作物的生育期是指从播种到收获所经历的全部时间。这个时间的长短因作物种类、品种、环境条件和栽培管理措施的不同而有所差异。作物的生育期可以分为以下几个阶段：

①播种期。将种子播种到土壤中的时期。这一时期的关键是选择合适的播种时间，确保种子在适宜的温度和湿度条件下发芽。

②幼苗期。从种子发芽到长出几片真叶的时期。这一时期需要为幼苗提供充足的阳光、水分和养分，以促进其健康生长。

③营养生长期。幼苗期后，作物进入快速生长阶段，此时以营养生长为主，形成大量的叶片和茎秆。这一时期的管理重点是合理施肥、灌溉和防治病虫害。

④生殖生长期。作物开始进入生殖生长阶段，形成花蕾、开花、授粉和结果。这一时期需要特别关注天气变化和授粉条件，确保作物正常结实。

⑤成熟期。作物果实或籽粒成熟，达到收获标准的时期。此时应及时收获，避免果实或籽粒脱落、霉变等损失。

（2）作物的生育时期

作物的生育时期是指作物在生长发育过程中，具有明显形态特征和生理变化的阶段。这些阶段对于指导农业生产具有重要意义。

①返青期。对于越冬作物来说，春季气温回升后，作物开始恢复生长，叶片由黄转绿，这一时期称为返青期。此时应加强田间管理，促进作物快速生长。

②拔节期。作物茎秆开始伸长、加粗，节间距离逐渐拉开，这一时期称为拔节期。此时需要合理施肥、灌溉，以满足作物对养分和水分的需求。

③抽穗期。对于禾本科作物来说，茎秆顶端开始长出花序的时期称为抽穗期。此时应关注天气变化，确保作物在适宜的温度和湿度条件下开花授粉。

④开花期。作物开始开花的时期。开花期的长短和开花数量对作物产量和品质有重要影响。此时应加强田间管理以及防治病虫害，确保作物正常开花授粉。

⑤灌浆期。对于籽粒作物来说，籽粒开始充实、增重的时期称为灌浆期。此时需要合理地进行施肥与灌溉，以满足作物对养分和水分的需求，促进籽粒充实。

作物的生育期和生育时期是农业生产中非常重要的概念。了解这些阶段的特点和管理要点，有助于我们更好地指导农业生产实践。在实际生产中，我们应结合当地的气候条件、土壤状况和作物特性，制订科学的栽培管理措施，确保作物健康生长和高效生产。

4. 作物的物候期

作物的物候期，指的是作物在其生长、发育过程中，随着季节更替和气候条件变化而展现出的规律性变化。这些变化包括萌芽、抽叶、开花、结果、落叶等，它们与气候、土壤等环境因素紧密相关，是作物适应自然环境的一种表现。

作物物候期是指作物从播种到收获的各个生长阶段，每个阶段都有其特定的生理特性和对环境条件的需求。例如，在春季，作物开始从休眠状态中苏醒，进入萌芽期；随后，随着气温的升高和光照的增强，作物开始抽叶、展叶，进入生长期；到了夏季，作物进入开花期，开花、结果；最后，在秋季，作物逐渐进入成熟期，直至收获。

作物物候期的变化受到多种因素的影响，其中最主要的是气候因素。气温、光照、降水等气候条件的变化会直接影响作物的生长和发育。例如，在春季，如果气温回升较快，光照充足，那么作物的萌芽期就会提前；相反，如果春季气温偏低，光照不足，那么作物的萌芽期就会推迟。此外，土壤条件、品种特性等因素也会对作物物候期产生影响。

了解作物物候期的变化规律，对于农业生产具有重要意义。首先，它可以帮助农民科学合理地安排农事活动，如播种、施肥、灌溉、防治病虫害等。通过掌握作物物候期的变化规律，农民可以在作物最需要营养和水分的时候进行施肥和灌溉。同时，也可以根据作物物候期的变化，提前预测病虫害的发生规律，采取相应的防治措施，减少病虫害对作物的危害。

了解作物物候期的变化规律还可以帮助我们更好地理解和利用自然资源。作物物候期的变化是自然界的一种周期性现象，它与气候、土壤等环境因素密切相关。通过观察和记录作物物候期的变化规律，人们可以更深入地了解自然环境的特点和规律，从而更好地利用自然资源。

二、作物器官建成

作物的生长与发育是自然界中最为神奇且复杂的过程之一。从一粒微小的种子开始，经过漫长的生长周期，最终形成了包含根、茎、叶、花、果实和种子等完整器官的植株。这一过程不仅展示了生命的顽强与美丽，也为人类提供了丰富的食物和原料。

（一）种子萌芽

在自然界中，生命的繁衍和生长总是充满了神秘和奇妙。作物的生长也不例外，其从一个微小的种子到最终的丰收，经历了无数的变化和挑战。

1. 种子的结构

种子是作物生命的起点，它包含了植物生长所需的所有基本要素。一个典型的种子由种皮、胚乳（或子叶）和胚组成。种皮是种子的外层保护结构，它保护着内部的胚乳和胚。胚乳是储存营养的地方，为种子发芽提供最初的能量。胚是种子的生命核心，它包含了胚芽、胚轴和胚根等关键部分，负责生长和发育。

2. 种子萌芽的过程

种子萌芽是作物生长的第一个阶段，也是最为关键的阶段之一。这个过程大致可以分为以下四个步骤。

（1）吸水膨胀

当种子被种植在土壤中时，它开始吸收土壤中的水分。水分使种子膨胀，种皮变软，为后续的发芽创造条件。

（2）呼吸作用增强

随着水分的吸收，种子的呼吸作用也开始增强。这一过程产生能量，为种子发芽提供动力。

（3）胚根突破种皮

在水分和能量的支持下，种子的胚根开始生长。最终，胚根突破种皮，形成一条白色的根尖，这是种子萌芽的标志。

（4）胚芽和胚轴的生长

胚根突破种皮后，胚芽也开始生长。它逐渐向上延伸，形成植物的茎和叶片。同时，胚轴也开始伸长，将胚芽和胚根连接起来，形成完整的幼苗。

（二）根、茎、叶的生长

作物的生长是一个复杂而精妙的过程，其中根、茎、叶的生长是构成作物整体生长的基础。每个器官都有其独特的生长机制和功能，共同协作，确保作物能够健康地生长和繁衍。

1. 根的生长

根是作物的重要器官之一，其主要功能是从土壤中吸收水分和矿物质，为作物的生长提供必要的营养。根的生长主要依赖于根尖的分生组织，这些细胞具有高度的分裂能力，能够不断产生新的细胞，推动根不断向下延伸。同时，根的侧根也会不断发育，增加根系的覆盖范围，提高作物的吸收能力。

在根的生长过程中，环境因素如土壤质地、水分、温度等都会对根的生长产生影响。例如，疏松的土壤有利于根的伸展，而过度湿润或干燥的土壤则可能抑制根的生长。合理的土壤管理和灌溉制度是确保作物根系健康生长的关键。

2. 茎的生长

茎是作物的主要支撑器官，负责支撑叶片和花果等器官，并将根部吸收的水分和矿物质输送到各个部位。茎的生长主要依赖于茎尖的分生组织，这些细胞通过分裂和伸长，推动茎不断向上生长。同时，茎的节间也会不断发育，形成节和节间，增加茎的强度和稳定性。

茎的生长也受到环境因素的影响。光照是茎生长的重要驱动因素之一，光照充足时，

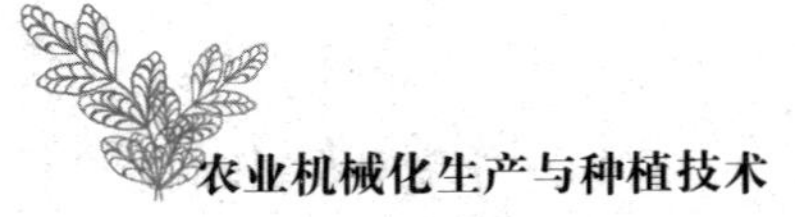

茎会加速生长，同时也有利于叶片的光合作用。然而，过度的光照也可能导致茎的徒长，影响作物的产量和品质。合理的光照管理和种植密度是确保作物茎健康生长的关键。

3. 叶的生长

叶是作物进行光合作用的主要器官，负责将光能转化为化学能，为作物的生长提供能量。叶的生长主要依赖于叶原基的分生组织，这些细胞通过分裂和分化，形成新的叶片。同时，叶片也会通过叶脉输送水分和矿物质，确保叶片的健康生长。

在叶的生长过程中，光照、温度、水分等环境因素都会对叶片的生长产生影响。适宜的光照和温度可以促进叶片的光合作用和生长，而过度或不足的水分则可能导致叶片的萎蔫或枯萎。合理的灌溉和温度管理是确保作物叶片健康生长的关键。

作物的器官建成是一个复杂而精妙的过程，需要根、茎、叶等器官的共同协作和配合。在作物的生长过程中，我们应该注重环境因素的调控和管理，确保作物能够健康地生长和繁衍。

（三）花、果实、种子的发育

作物的生长周期是一个复杂而精妙的过程，其中包含了多个器官的形成与发育。花、果实和种子作为作物生命周期中的关键器官，其发育过程不仅决定了作物的繁殖能力和产量，也反映了作物与环境之间的相互作用。

1. 花的发育

花的发育是作物从营养生长转向生殖生长的重要标志。在花的发育过程中，首先会经历花芽的分化，即茎尖生长点由叶芽转变为花芽的过程。这一过程受到内外因素的共同影响，如光照、温度、水分和植物激素等。随着花芽的进一步发育，花萼、花瓣、雄蕊和雌蕊等器官逐渐形成。这些器官的发育不仅具有时序性，而且相互依赖，共同构成一个完整的花结构。

植物激素如生长素、赤霉素和细胞分裂素等在花的发育过程中起着关键作用。它们通过调节细胞的分裂、伸长和分化等过程，影响花器官的形成和发育。此外，环境因素如光照和温度等也会影响花的发育，如长日照和高温会促进花的开放和花粉的成熟。

2. 果实的发育

果实的发育是花经过授粉受精后，子房逐渐膨大形成的。在果实发育初期，子房壁细胞迅速分裂和伸长，使果实体积迅速增大。同时，子房内的种子也开始发育，为果实提供养分和激素。随着果实的进一步发育，果皮、果肉和种子等器官逐渐形成并成熟。

在果实发育过程中，植物激素如生长素、赤霉素和乙烯等起着重要作用。它们通过调节果实的生长速度、品质和成熟过程等，影响果实的产量和品质。此外，环境因素如光照、温度和水分等也会影响果实的发育和成熟。如充足的光照和适宜的温度有利于果实的生长和成熟；而水分过多或过少则会影响果实的品质和产量。

3. 种子的发育

种子的发育是作物繁殖的关键环节。在种子发育过程中，首先会经历胚珠的受精作用，即花粉管将精子输送到胚珠内与卵细胞结合形成受精卵。受精卵经过多次分裂和分化形成胚，同时胚乳细胞也开始分裂和发育形成胚乳组织。随着种子的进一步发育，种皮逐渐形成并包裹在胚和胚乳外部形成完整的种子。

第三节　作物生长发育与环境

作物，作为农业生产的基础，其生长发育受到多种环境因素的影响。这些因素既包括自然环境，也涵盖了人工环境。下面将对作物生长发育的自然环境和人工环境进行详细的探讨。

一、自然环境

自然环境是作物生长的基本条件，包括光照、温度、水分、土壤和空气等因素。

（一）光照

在广袤无垠的大地上，无数作物如诗如画地生长着，它们是大自然的杰作。其中，光照作为作物生长发育的关键因素，无疑扮演着至关重要的角色。下面将深入探讨作物生长发育与光照之间的紧密关系，以及光照如何影响作物的生命活动。

1. 光照对作物生长发育的重要性

光照是作物进行光合作用的重要能源，也是其生长发育不可或缺的因素。在光合作用过程中，作物通过吸收光能，将二氧化碳和水转化为有机物质，为自身的生长提供必要的能量和营养。光照强度、光照时长以及光照质量等因素对作物的生长发育具有显著影响。

2. 光照强度对作物生长发育的影响

光照强度是指单位面积上接受的光通量密度，通常以 lx 为单位表示。不同作物对光照强度的需求存在差异，光照强度对作物生长发育具有以下三个方面的影响。

（1）光合作用

光照强度直接影响作物的光合速率。光照强度越高，光合速率越快，作物合成的有机物质也越多，有利于其生长发育。

（2）形态建成

光照强度还会影响作物的形态建成。在强光下，作物茎秆粗壮、叶片厚实、根系发达；而在弱光下，作物则表现为茎秆细长、叶片薄软、根系不发达。

（3）生长速度

光照强度还会影响作物的生长速度。在适宜的光照强度下，作物生长迅速，而在过强

或过弱的光照条件下，生长速度会受到抑制。

3. 光照时长对作物生长发育的影响

光照时长是指作物每天接受的光照时间。不同作物对光照时长的需求也存在差异，光照时长对作物生长发育具有以下几个方面的影响：

（1）光周期

光照时长会影响作物的光周期现象。光周期是指作物每天接受的光照时间与黑暗时间的比例。一些作物需要长日照条件才能开花结果，而另一些作物则需要短日照条件。合理控制光照时长可以促进作物的生长发育。

（2）生长节律

光照时长还会影响作物的生长节律。在适宜的光照时长下，作物生长有序、健壮；而在光照时长不足或过长的情况下，作物的生长节律会受到干扰，导致生长不良。

4. 光照质量对作物生长发育的影响

光照质量是指光线的光谱成分和光照强度分布等特征。不同作物对光照质量的需求也存在差异，光照质量对作物生长发育具有以下两个方面的影响。

（1）光合作用效率

光照质量会影响作物的光合作用效率。在光谱成分适宜的情况下，作物的光合作用效率更高。

（2）生理过程

光照质量还会影响作物的生理过程。例如，蓝光和红光对作物生长发育具有特殊作用，可以促进叶绿素的合成和蛋白质的合成等生理过程。

光照对作物生长发育具有至关重要的影响。人们应该根据不同作物的光照需求，合理调节光照强度、光照时长和光照质量等因素，以促进作物的生长发育和提高产量。同时，随着现代科技的发展，还可以通过人工光源等方式来补充光照不足的情况，为作物的生长提供更好的条件。在未来的农业生产中，光照调控技术将发挥更加重要的作用，为农业生产的可持续发展提供有力支持。

（二）温度

作物生长发育与温度之间存在着一种微妙的平衡关系。温度是影响作物生长的重要因素之一，它决定了作物的生长速度、发育阶段以及最终的产量和品质。下面将探讨作物生长发育与温度之间的关系，以及温度对作物生长的具体影响。

1. 温度对作物生长发育的影响

温度对作物生长发育的影响是复杂而多面的。首先，适宜的温度可以促进作物的新陈代谢和生长发育。在最适温度范围内，光合作用效率高，有利于有机物的合成和积累。此时，作物处于最佳生长状态，不仅生长速度加快，而且品质也有所提高。

然而，当温度过高或过低时，作物的生长发育就会受到抑制。高温会导致作物叶片气孔关闭，减少蒸腾作用，进而影响光合作用和呼吸作用。同时，高温还会使作物体内酶活性降低，影响新陈代谢的进行。当温度超过作物所能承受的最高温度时，作物会受到热害，叶片枯黄、卷曲，甚至导致植株死亡。

相反，低温也会抑制作物的生长发育。低温会导致作物体内酶活性降低，新陈代谢减缓，生长速度变慢。当温度低于作物所能承受的最低温度时，作物会受到冷害或冻害，叶片出现水渍状斑点、枯黄、脱落等现象，严重时会导致植株死亡。

2. 作物对温度的适应性

作物在长期进化过程中逐渐形成了对温度的适应性。不同作物对温度的适应性存在差异，有些作物适宜在较低温度下生长，如小麦和雪里蕻；而有些作物则适合在较高温度下生长，如稻谷和玉米。这种适应性是在长期的自然选择和人工驯化中逐渐形成的。

作物对温度的适应性表现在多个方面。首先，作物可以通过调整生长节律来适应温度变化。例如，在低温条件下，作物会减缓生长速度，延长生长期，以积累更多的营养物质；而在高温条件下，作物会加快生长速度，缩短生长期，以适应高温环境。

其次，作物还可以通过生理调节来适应温度变化。例如，作物在低温条件下会增加细胞膜内脂质的含量，提高细胞膜的稳定性；而作物在高温条件下会表达出编码热激蛋白的基因，提高自身对高温的耐受能力。

3. 如何合理调控温度以促进作物生长

合理调控温度在农业生产中对于促进作物生长具有重要意义。

可以通过选择适宜的播种期和种植密度来调节作物生长环境中的温度。在播种时选择气温较稳定、土壤温度适宜的时期进行播种；在种植密度上合理布局，避免种植过密或过疏造成温度波动过大。

也可以通过灌溉和施肥等措施来调节土壤温度。在干旱地区可以通过灌溉降低土壤温度；在寒冷地区可以通过施肥提高土壤温度。此外，还可以利用温室、大棚等设施来创造适宜的生长环境，为作物提供稳定的温度条件。

总之，作物生长发育与温度之间存在着密切的关系。了解温度对作物生长的影响以及作物对温度的适应性对于农业生产具有重要意义。通过合理调控温度可以促进作物生长、提高产量和品质。

（三）水分

水分，作为生命之源，对地球上的所有生物都至关重要。而对于作物来说，其生长发育与水分的关系更是密不可分。下面将深入探讨作物生长发育过程中水分的作用，以及如

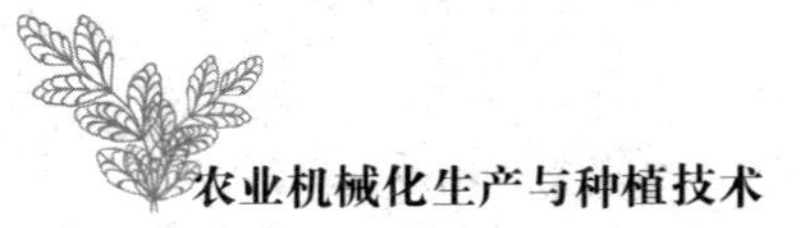

何通过合理的水分管理来优化作物产量。

1. 水分对作物生长发育的重要性

水分是作物生长发育的必需条件之一。水分在作物的生长过程中不仅参与光合作用、呼吸作用等生命活动，还影响作物对营养物质的吸收、转运和代谢。适当的水分供应能够促进作物根系的发育，提高作物对土壤中养分的吸收能力，从而有利于作物的健康生长和高产。

然而，过多或过少的水分都会对作物产生负面影响。当作物缺水时，叶片会出现萎蔫、生长停滞等症状，严重时甚至会导致作物死亡。过度浇水则可能导致根部腐烂、植株黄化等问题，影响作物的正常生长和产量。

2. 作物生长发育过程中的水分需求

作物生长发育过程中所需的水分因作物种类、生长阶段、气候条件等因素而异。作物在生长初期对水分的需求较小，随着生长进程的推进，对水分的需求逐渐增加。在作物的关键生长阶段，如拔节期、孕穗期等，对水分的需求更是至关重要。

此外，不同作物对水分的需求也存在差异。例如，水稻等水生作物对水分的需求较大，而一些耐旱作物如小麦、玉米等则能在较为干旱的环境下生长。人们在农业生产中需要根据作物的特性和生长阶段来合理调整灌溉策略，以满足作物对水分的需求。

3. 合理的水分管理对作物产量的影响

合理的水分管理对优化作物产量具有重要意义。通过精准控制灌溉量、优化灌溉方式等措施，可以有效避免水分过多或过少对作物产生的不良影响。

我们可以采取滴灌、喷灌等节水灌溉技术来减少水分的浪费和损失。同时，结合土壤湿度监测、作物生长监测等技术手段，可以实现对作物水分需求的精准预测和调控。此外，在农业生产中还可以利用雨水收集、蓄水灌溉等措施来充分利用自然资源。

作物生长发育与水分的关系是农业生产中的重要问题。通过深入探究作物对水分的需求规律和水分管理对作物产量的影响机制，可以为农业生产提供科学的指导和支持。未来，随着科技的不断进步和农业生产方式的转型升级，有理由相信作物生长发育与水分的关系将得到更加深入的研究和应用为农业生产的可持续发展贡献力量。

（四）土壤

作物作为人类生存的重要基石，其生长发育的过程离不开土壤的滋养。土壤不仅是作物生长的物理基础，更是提供作物所需营养物质的源泉。理解作物生长发育与土壤之间的关系，对于提高作物产量、保障粮食安全具有重要意义。

1. 土壤的物理性质与作物生长

土壤的物理性质，如质地、结构、孔隙度等，对作物生长具有直接影响。适宜的土壤质地和结构能够为作物根系提供良好的生长环境，使根系能够深入土壤，吸收更多的水分和养分。同时，良好的土壤孔隙度能够保持土壤通气性，避免根系缺氧，保证作物正常生长。

2. 土壤的化学性质与作物生长

土壤的化学性质，如酸碱度、有机质含量、养分含量等，对作物生长同样具有重要影响。适宜的土壤酸碱度能够保证作物对养分的有效吸收，避免养分流失。有机质含量高的土壤能够为作物提供丰富的有机养分，促进作物生长。而土壤中的氮、磷、钾等营养元素是作物生长不可或缺的养分来源，缺乏这些元素将严重影响作物的正常生长。

3. 土壤的生物性质与作物生长

土壤中的微生物、蚯蚓等生物群落对作物生长也具有重要意义。这些生物群落能够分解有机物质，释放养分供作物吸收，同时能够改善土壤结构，提高土壤肥力。此外，一些有益微生物还能够抑制土传病害的发生，保护作物免受病害侵袭。

4. 作物生长发育与土壤管理的关系

为了促进作物生长发育，提高作物产量，我们需要对土壤进行合理管理。首先，要合理施肥，根据作物需求和土壤养分状况，科学制订施肥方案，避免养分浪费和环境污染。其次，要合理灌溉，保证作物生长所需的水分供应，同时避免过度灌溉导致土壤盐碱化。此外，还要加强土壤改良，通过耕作、翻耕等措施改善土壤结构。同时，要合理利用和保护土壤资源，避免过度开垦和污染，保障土壤生态系统的健康和稳定。

作物生长发育与土壤之间存在着密不可分的关系。土壤的物理、化学和生物性质对作物生长具有重要影响。我们需要对土壤进行合理管理，科学施肥、合理灌溉、加强土壤改良等。只有这样，才能保障土壤生态系统的健康和稳定，为作物生长提供良好的生长环境。

（五）空气

在广袤的自然界中，作物与空气之间的关系紧密而复杂。空气不仅为作物提供了必要的生存条件，如氧气和二氧化碳，还通过其成分和质量的变化，对作物的生长发育产生着深远的影响。下面将深入探讨作物生长发育与空气之间的这种紧密联系。

1. 氧气与作物的生长发育

氧气是作物进行呼吸作用的关键物质。通过呼吸作用，作物能够分解有机物，释放能量，维持其正常的生命活动。如果空气中的氧气含量不足，作物的呼吸作用将受到限制，进而影响其生长和发育。此外，土壤中氧气的含量也对作物的根系生长至关重要。根系需要足够的氧气来维持其正常代谢，如果土壤氧气不足，将导致根系发育不良，影响作物的生长和产量。

2. 二氧化碳与作物的光合作用

二氧化碳是作物进行光合作用的重要原料。在光合作用下，作物能够利用光能，将二氧化碳和水转化为有机物，并释放出氧气。这是作物生长和繁殖的基础。空气中二氧化碳的浓度对作物的生长发育具有重要影响。在一定范围内，增加空气中二氧化碳的浓度，可

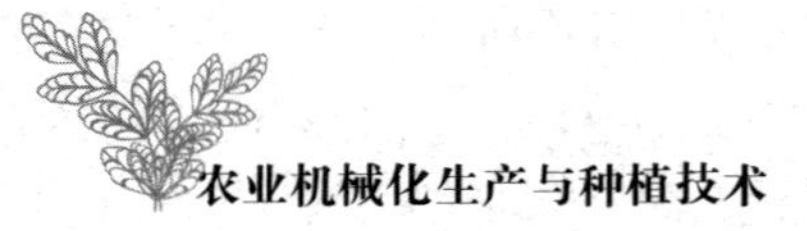

以提高作物的光合作用效率，促进作物的生长。但是，当二氧化碳浓度过高时，会对光合作用产生抑制效应，反而影响作物的生长。

3. 有害气体对作物的影响

除了氧气和二氧化碳外，空气中的有害气体也可能对作物的生长发育产生不良影响。例如氨气、硫化物、氮氧化物等有害气体都会对作物造成伤害，导致叶片枯黄、生长迟缓等问题。这些有害气体主要来源于工业排放、农业生产和人类活动。减少这些有害气体的排放，保持空气清新，对于保护作物健康生长具有重要意义。

4. 土壤空气与作物生长

土壤空气也是作物生长的重要条件之一。土壤中的空气为作物提供了必要的氧气和其他生长因子。如果土壤中缺乏空气，将影响作物的呼吸作用和根系生长，进而影响作物的生长和产量。为了保持土壤中的空气含量，我们可以采取松土、施用有机肥、喷施生物制剂等措施，以增加土壤的透气性和空气含量。

作物生长发育与空气之间存在着密切的关系。空气中的氧气和二氧化碳是作物进行呼吸作用和光合作用的关键物质，而有害气体则可能对作物造成伤害。同时，土壤中的空气也为作物提供了必要的生长因子。保持空气清新、减少有害气体排放、增加土壤空气含量等措施，对于促进作物健康生长和提高产量具有重要意义。人们应该更加重视作物与空气之间的关系，采取有效的措施来保护作物生长的环境条件。

二、人工环境

随着农业科技的发展，人工环境在作物生长发育中发挥着越来越重要的作用。人工环境主要包括温室、大棚、滴灌、喷灌等现代农业设施和技术。

（一）温室和大棚

随着现代农业技术的飞速发展，作物生长发育的人工环境——温室和大棚，已经成为提高作物产量、优化作物品质、实现全年生产的重要工具。这两种结构为作物提供了一个受控制的环境，以抵御不利的自然条件，并最大限度地满足作物的生长需求。

1. 温室

温室是一种四面由透明材料（如玻璃或塑料薄膜）围成的建筑，能够捕获并保留太阳辐射产生的热能，从而为植物提供适宜的生长温度。温室的设计灵活多样，从小型家用温室到大型商业化温室不等，广泛应用于蔬菜、花卉、水果等作物的栽培。

在温室内，可以通过调节光照、温度、湿度、二氧化碳浓度等环境因子来优化作物生长。例如，农民在冬季或阴雨天利用补光灯提供额外的光照，使用加热器在寒冷天气中保持适宜的温度，以及通过通风和加湿器调节湿度。此外，温室内的灌溉系统、施肥系统和病虫害防治系统也能够实现精准管理，进一步提高作物产量和品质。

2. 大棚

大棚是一种覆盖在作物上方的塑料或玻璃结构，其规模通常小于温室，但同样具有调节作物生长环境的功能。大棚结构简单，成本较低，适合小型农场和家庭农园使用。

大棚内的环境调节主要通过覆盖材料的选择和通风系统来实现。覆盖材料可以是透明的塑料薄膜或玻璃，能够允许阳光透过并捕获热能。通风系统则可以通过开启和关闭通风口来调节大棚内的温度和湿度。此外，大棚内的灌溉和施肥系统也可以实现精准管理，以满足作物的生长需求。

3. 温室与大棚的比较

温室和大棚在功能上具有相似之处，但也有一些明显的区别。首先，温室的结构更为复杂，能够提供更为精确的环境控制，适合商业化生产。而大棚不仅结构简单，成本比较低，更加适合小型农场和家庭农园使用。其次，温室的覆盖材料通常具有更好的保温性能和耐久性，而大棚则更多地采用塑料薄膜作为覆盖材料。最后，温室可以配备更为先进的自动化控制系统和设备，如智能灌溉系统、环境监控系统等，以实现更为精准的管理。

总之，温室和大棚作为作物生长发育的人工环境，在现代农业中发挥着越来越重要的作用。通过精确控制环境因子，这两种结构能够为作物提供适宜的生长条件，从而提高作物产量和品质。随着技术的不断进步和成本的降低，相信未来温室和大棚将会在更多地区得到推广和应用。

（二）滴灌和喷灌

作物的生长发育受到多种因素的影响，其中水分供给尤为关键。随着现代农业技术的快速发展，传统的大水漫灌方式逐渐被更加高效、节水的人工灌溉方式所取代，其中滴灌和喷灌成为现代农田灌溉的主流技术。下面将详细介绍这两种灌溉方式及其在作物生长发育中的应用。

1. 滴灌技术

滴灌，又称为滴水灌溉、微灌或局部灌溉，是一种将水滴或细小水流直接送达作物根部的灌溉方法。滴灌系统通常由水源、首部枢纽、管网和滴头四部分组成。通过管网将水均匀地输送到每一株作物根部附近的滴头，再由滴头将水缓慢滴出，直接湿润作物根部土壤，实现精准灌溉。

滴灌技术的优点如下。

①节水高效。滴灌可以根据作物生长需求和水源状况，精确控制灌溉量。

②湿润均匀。滴灌系统能够将水均匀地输送到作物根部，使土壤保持适宜的湿润度，有利于作物根系发育。

③减轻土壤盐碱化。由于滴灌是直接向作物根部供水，减少了水分在土壤表层的蒸发，从而降低了土壤盐碱化的风险。

2. 喷灌技术

喷灌，是利用动力设备将水加压后，通过管道和喷头将水均匀地喷洒到作物上的灌溉方式。喷灌系统主要由水源、动力设备、管道和喷头组成。喷头将水喷洒成细小的水滴，形成类似自然降雨的灌溉效果。

喷灌技术的优点如下。

①覆盖范围广。喷灌系统可以覆盖较大的农田面积，提高灌溉效率。

②自动化程度高。喷灌系统可以与自动化控制系统结合，实现定时、定量、定区域的精准灌溉。

③改善作物生长环境。喷灌系统喷洒出的水雾可以增加空气湿度，降低环境温度，改善作物生长环境。

3. 滴灌与喷灌在作物生长发育中的应用

滴灌和喷灌技术在作物生长发育中各有优势，可以根据具体作物和生长环境进行选择。

对于根系发达、需水量大的作物（如果树、蔬菜等），滴灌技术更加适用。通过精准控制灌溉量，滴灌可以为作物提供稳定的水分供应，促进根系发育。

而对于一些需要较大生长空间和较高空气湿度的作物（如草坪、花卉等），喷灌技术则更具优势。喷灌系统喷洒出的水雾可以增加空气湿度。

总之，滴灌和喷灌作为现代农业灌溉的两大主流技术，在作物生长发育中发挥着重要作用。通过合理选择和应用这两种灌溉技术，可以有效提高水资源利用效率，促进作物生长发育。

（三）其他人工环境技术

在现代农业领域，作物生长发育的环境控制正变得愈发重要。除了传统的灌溉、施肥和病虫害防治外，人工光源和气候模拟等新型技术为作物的生长提供了更多可能性。下面将探讨这两种技术在作物生长发育中的应用和潜力。

1. 人工光源技术

人工光源技术是一种通过模拟或补充自然光照，以满足作物不同生长阶段对光照需求的技术。在温室、植物工厂等封闭环境中，人工光源的应用尤为重要。

（1）LED 植物生长灯

LED 植物生长灯是一种利用发光二极管（LED）作为光源的植物照明设备。LED 植物生长灯具有波长类型丰富、频谱波宽度半宽窄等特点，可以根据植物的需求调节光照强度和光谱分布。这种灯具能够促进植物的光合作用，提高生长速度和产量，同时还能改善作物的品质和口感。

（2）光质调控

光质调控是通过改变光照的波长和光谱分布，以影响植物生长发育的技术。研究表明，不同波长的光对植物的生长发育有不同的影响。例如，红光和蓝光对植物的光合作用、开花和果实成熟等过程具有重要影响。通过光质调控，可以优化植物的生长环境。

2. 气候模拟技术

气候模拟技术是一种基于气象学、计算机科学和农学等多学科知识，通过建立气象模型来模拟和预测不同气候条件下作物生长发育的技术。这种技术可以为农业生产提供精准的决策支持，优化种植方案。

（1）种植时间优化

气候模拟技术可以通过模拟不同气候条件下的温度、湿度、降水等参数，帮助农户合理安排农作物的种植时间。根据模拟结果，农户可以选择最有利于作物生长的气候条件进行种植，避免不利环境对作物生长发育的影响。

（2）灌溉管理优化

气候模拟技术可以模拟不同气候条件下的降水量和蒸发量，为灌溉管理提供科学依据。农户可以根据模拟结果制订合理的灌溉计划，提高灌溉水资源的利用效率，降低灌溉成本。

（3）病虫害预测与防控

气候模拟技术可以根据气候条件的模拟结果，预测病虫害的发生概率和趋势。基于这些预测结果，农户可以采取相应的防治措施，提前预防和控制病虫害的发生，减少对农作物的危害。

（4）施肥方案优化

气候模拟技术还可以帮助农户了解不同气候条件下农作物对养分的吸收需求情况。农户可以根据模拟结果制订合理的施肥方案，避免施肥过量或不足，提高施肥效果，减少对环境的污染。

人工光源和气候模拟技术是现代农业领域中的两大重要技术。通过应用这些技术，可以为作物生长发育提供更为精准和高效的环境控制手段。未来，随着技术的不断进步和创新，这些技术将在农业领域发挥更大的作用。

作物生长发育的环境包括自然环境和人工环境两个方面。自然环境包括光照、温度、水分、土壤和空气等因素；人工环境则是通过现代科技手段创造的一种更为稳定和适宜的生长环境，包括温室、大棚、滴灌、喷灌等技术。应该充分利用自然环境的优势，同时结合人工环境技术，为作物提供更为适宜的生长环境，促进作物的生长发育。

第九章　农作物种植技术

第一节　农作物品种及其在农作物种植中的重要性

一、农作物概述

（一）农作物的定义

农作物，作为人类生存和发展的基石，是指通过农业种植活动培育出来的、具有经济价值的植物。这些植物包括但不限于粮食作物、油料作物、蔬菜、果类、饲料作物、药用作物等。它们不仅为人类提供了丰富的食物来源，还是工业生产的重要原料，对全球经济的稳定与发展起到至关重要的作用。

（二）农作物的重要性

1. 食物供应与营养来源

农作物是人类食物的主要来源，特别是粮食作物，如小麦、水稻、玉米等，为全球数十亿人口提供了日常所需的能量和营养。此外，蔬菜、水果等农作物也为人类提供了丰富的维生素和矿物质，保证了人类饮食的多样性和营养均衡。

2. 工业原料与经济发展

农作物不仅是食物来源，还是许多工业产品的重要原料。例如，棉花是纺织工业的主要原料，油料作物（大豆、油菜籽等）为油脂工业提供了丰富的油脂资源。此外，一些农作物（甘蔗、甜菜等）还是糖料工业的原料。这些工业原料的供应，对于促进相关产业的发展和经济的繁荣具有重要意义。

3. 生态平衡与环境保护

农作物种植对于维护生态平衡和保护环境也具有重要意义。合理的农作物种植可以保持土壤肥力，防止水土流失，减少自然灾害的发生。同时，农作物还可以吸收空气中的二氧化碳，减少温室气体的排放，对缓解全球气候变暖等环境问题具有积极作用。

4. 文化传承与社会稳定

农作物种植不仅是经济活动的一部分，还承载着丰富的文化内涵和社会价值。不同的农作物种植方式和习俗，反映了不同地区的文化特色和历史传承。同时，农作物的稳定供应也是社会稳定的重要因素之一，它关系到人们的日常生活和国家的安全稳定。

农作物不仅为人类提供了丰富的食物和营养来源，还是工业生产和经济发展的重要原料。同时，农作物种植对于维护生态平衡、保护环境和传承文化等方面都具有重要意义。我们应该重视农作物的种植和保护工作，推动农业生产的可持续发展和进步。

二、农作物的品种

（一）粮食作物

作为人类历史上最早驯化的植物种类，粮食作物始终与人们的生活紧密相连。从古至今，无论世界如何变迁，粮食作物始终是人类生存和发展的基石。它们不仅为人们提供了基本的营养需求，还塑造了各地的文化特色，成为人类文明进步的重要推动力。

1. 粮食作物的种类与特点

粮食作物主要包括谷类、薯类和豆类等几大类。其中，谷类作物（水稻、小麦、玉米等）是人类最重要的食物来源，产量高、营养丰富，能够提供大量的碳水化合物和蛋白质。薯类作物（马铃薯、甘薯等）以高产、耐储存的特点，在粮食短缺的地区发挥着重要作用。豆类作物（大豆、豌豆等）则以高蛋白、低脂肪的特性，成为人们健康饮食的重要选择。

2. 粮食作物的重要性

（1）提供基本营养

粮食作物是人类获得能量和蛋白质的主要来源。它们提供的碳水化合物、蛋白质、脂肪等营养素，是维持人体正常生理功能所必需的。

（2）推动经济发展

粮食作物的种植和加工，是农业和食品工业的重要组成部分，其发展不仅为农民提供了就业机会，还带动了相关产业的发展。

（3）保障国家安全

粮食安全是国家安全的重要组成部分。只有保障了粮食的稳定供应，才能确保国家的稳定和人民的幸福。

3. 粮食作物的未来发展

随着科技的进步和全球气候的变化，粮食作物的种植和生产面临着新的挑战和机遇。一方面，人们需要通过科技手段提高粮食作物的产量和品质，以应对人口增长和气候变化带来的压力。另一方面，人们也需要注重粮食作物的可持续发展，保护生态环境，实现人与自然的和谐共生。

此外，随着全球化和贸易自由化的深入发展，粮食作物的国际贸易也变得越来越重要。各国需要加强合作，共同应对粮食安全问题，确保全球粮食的稳定供应。

粮食作物作为人类文明的基石，承载着丰富的历史和文化内涵。在未来，人们需要更加注重粮食作物的可持续发展，以应对各种挑战和机遇。同时，我们也需要加强国际合作，共同推动全球粮食安全事业的发展，为人类的生存和发展做出更大的贡献。

（二）油料作物

在广袤的农田上，各种农作物如繁星般点缀其间，共同构筑了人类食物链的基础。其中，油料作物以其独特的价值在农业领域占据了一席之地，不仅为人们提供了丰富的食用油，还是工业、医药等领域的重要原料。

油料作物指种子中含有大量油脂的作物。这些油脂经过提炼和加工，可用于食用、工业和医药等多个领域。油料作物种类繁多，各具特色。其中，大豆、花生、油菜、芝麻、向日葵等是代表。

大豆，作为油料作物的重要一员，拥有悠久的历史。早在5000年前，大豆就扎根于华夏沃土，成为中华民族的重要食物来源。大豆不仅含有丰富的油脂，还富含蛋白质、碳水化合物等多种营养成分。它既可以作为粮食直接食用，也可以加工成豆腐、豆浆等豆制品，具有很高的营养价值。此外，大豆油在工业和医药领域也有广泛的应用。

花生，被誉为“植物肉”，是油料作物中的佼佼者。花生的单产高，含油率高，且对土壤要求不严，适合在多类型土壤中种植。花生的油脂含量可达50%以上，其中不饱和脂肪酸占比较高，具有降低胆固醇、预防心血管疾病等功效。花生不仅可以榨油，还可以制作花生酱、花生糖等美食，深受人们喜爱。

油菜，作为我国播种面积最大、地区分布最广的油料作物，其产量和品质均居世界前列。油菜籽榨取的菜籽油，香气浓郁，营养丰富，是我国人民常用的食用油之一。油菜生长期短，适应性强，适合在多种气候条件下种植。油菜的种植不仅为人们提供了丰富的食用油资源，还促进了农业经济的发展。

芝麻，作为一种古老的油料作物，其种植历史悠久。芝麻的油脂含量为50%以上，且富含多种不饱和脂肪酸和矿物质。芝麻油香气浓郁，具有保健作用。芝麻不仅可以榨油，还可以制作芝麻酱、芝麻糖等美食。

向日葵，以其独特的花形和明亮的颜色吸引了无数人的目光。向日葵的种子也富含油脂，其油脂含量可达30%以上。向日葵油不仅具有独特的香气和口感，还富含多种维生素和矿物质。向日葵油在烹饪、医药和化妆品等领域都有广泛的应用。

除了以上几种油料作物外，还有许多其他种类的油料作物，如蓖麻、油莎豆、椰子、油茶等。它们各自具有独特的生长习性和应用价值，共同为油料作物的多样性增添了丰富的色彩。

总之，油料作物作为农作物的瑰宝之一，其独特的价值和广泛的应用前景值得我们深入了解和探索。让我们共同关注油料作物的种植和发展，为人类的健康和农业经济的繁荣做出贡献。

（三）蔬菜作物

蔬菜作物作为人们餐桌上不可或缺的一部分，其品种多样性和独特魅力令人惊叹。从古至今，人们不断探索、改良、培育和引进各种蔬菜品种，以满足日益增长的饮食需求，同时为人们的生活带来了丰富多彩的味蕾体验。

蔬菜作物的品种繁多，按照不同的分类方式，可以将其分为多个大类。以食用器官为例，蔬菜可分为根菜类、茎菜类、叶菜类、果菜类、花菜类、食用菌类等。每一大类下又有许多细分品种，如根菜类中的萝卜、豆薯，茎菜类中的莴笋、竹笋，叶菜类中的小白菜、大白菜，果菜类中的茄子、黄瓜，花菜类中的黄花菜、菜花，食用菌类中的香菇、木耳，等等。这些蔬菜品种不仅风味各异，营养价值也各有千秋，为人们的饮食提供了丰富的选择。

蔬菜作物的品种多样性还体现在其生长习性和适应性上。有的蔬菜喜欢温暖湿润的环境，如莴苣、菠菜等；有的蔬菜耐寒耐旱，如韭菜、大葱等。这些蔬菜品种能够在不同的气候条件下生长，为各地的人们提供了丰富的食材。同时，随着科技的发展和种植技术的进步，人们还培育和改良了许多新的蔬菜品种，如抗病虫害、耐储存、高营养等特性的新品种，使蔬菜作物更加适应市场需求和消费者需求。

蔬菜作物的品种多样性还带来了许多独特的魅力。例如，一些蔬菜品种具有独特的口感和风味，如四川榨菜的酸辣可口、山东大葱的辛辣浓郁、湖南冬笋的鲜嫩爽脆等。这些独特的口感和风味不仅丰富了人们的饮食体验，也成为各地饮食文化的重要组成部分。此外，一些蔬菜品种还具有独特的观赏价值，如茼蒿菜在春天开花时与玛格丽特菊相似，为人们的生活带来了美的享受。

然而，蔬菜作物的品种多样性也面临着一些挑战。随着城市化进程的加速和现代农业的发展，一些传统蔬菜品种逐渐消失或濒临灭绝。为了保护和传承这些珍贵的蔬菜品种，我们需要加强对其的研究和保护工作，同时推广和传承相关的种植技术和文化。

（四）果类作物

果类作物为人类提供了丰富的营养。从常见的苹果、香蕉到稀有的冰糖红菠萝、牛奶果，果类作物以其独特的口感、色彩、营养价值，成为人们生活中不可或缺的一部分。

首先，不得不提的是那些广为人知的果类作物。例如，苹果，作为世界四大水果之一，其品种繁多，口感各异。从脆甜的富士、多汁的嘎啦到香气浓郁的国光，每一种苹果都以其独特的口感和营养价值吸引着人们的味蕾。香蕉，作为全球最受欢迎的水果之一，其软糯的口感和丰富的钾元素，使得它成为人们日常饮食中不可或缺的一部分。

除了这些常见的果类作物外，还有许多稀有的品种值得人们去了解和品尝。比如，冰

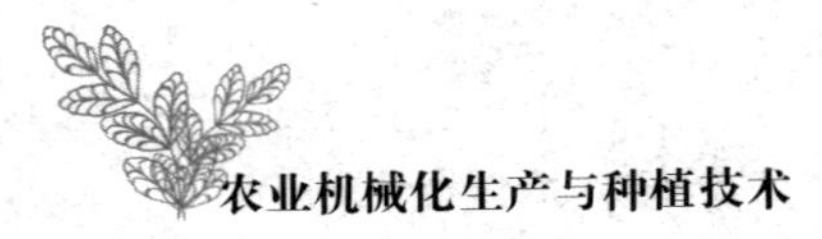

糖红菠萝是一种产自海南的新品种菠萝，其青果皮为橙红色，色泽鲜艳，口感好、甜度高。另外，牛奶果也是一种独特的果类作物，它原产于加勒比海地区，果肉呈乳白色、橘黄色或浅紫色等，香甜滑嫩，散发着淡淡的奶香。这种水果不仅可以直接食用，还可以与不同水果搭配制成果汁或干果，为人们提供了更多样化的食用选择。

在果类作物的分类上，可以按照其生长习性和果实特性进行划分。首先，落叶果树是果类作物中的重要一类，包括仁果类果树（苹果、梨）、核果类果树（桃、杏、李）、坚果类果树（核桃、栗）、浆果类果树（葡萄、猕猴桃）等。这些果树在秋季会落叶，进入休眠期，为下一年的生长积累养分。常绿果树则不同，一年四季都保持绿叶，如柑果类果树（如橘、柚）、荔枝类果树（如荔枝、龙眼）等。这些果树在热带和亚热带地区广泛分布，为人们提供了全年都可以享用的美味水果。

果类作物的种植和栽培技术对于提高产量和品质至关重要。在选择品种时，需要根据当地的气候条件、土壤状况和市场需求来选择适合的品种。合理的土壤准备、种植密度、灌溉和施肥等管理措施也是保证果树健康生长和提高产量的关键。此外，病虫害防治也是果类作物栽培中不可忽视的一环。通过定期巡视果园、及时采取措施预防和控制病虫害的发生，可以有效地保障果树的健康生长和产量。

（五）饲料作物

农作物以其丰富的种类和多样的功能，滋养着人类和动物的生命。其中，饲料作物作为一类特殊的农作物，以其独特的价值和作用，在农业生产中占据着举足轻重的地位。下面就走进饲料作物的世界，探索这些农作物的品种和特点。

1. 饲料作物的定义与分类

饲料作物指主要用于饲养家畜、家禽等动物的作物。它们不仅能为动物提供充足的营养，还能在一定程度上促进动物的生长和发育。按来源划分，饲料作物主要分为禾谷类、豆类、瓜类、根茎类、叶菜类等类。

（1）禾谷类饲料作物

此类有玉米、高粱、大麦、燕麦等，它们富含淀粉和糖类，是动物的主要能量来源。其中，玉米作为最优质的饲料作物之一，其能量含量高，营养成分丰富，被广泛应用于养殖业。

（2）豆类饲料作物

此类有秣食豆、蚕豆、豌豆等，它们富含优质蛋白质，能为动物提供必需的氨基酸。豆类饲料作物不仅具有较高的营养价值，还具有较好的适口性，深受动物喜爱。

（3）瓜类饲料作物

此类有饲用南瓜、佛手瓜等，它们主要提供丰富的维生素和矿物质，有助于动物的健康生长。

（4）根茎类饲料作物

此类有甘薯、木薯、马铃薯等，它们富含碳水化合物和纤维素，是动物的重要能量来

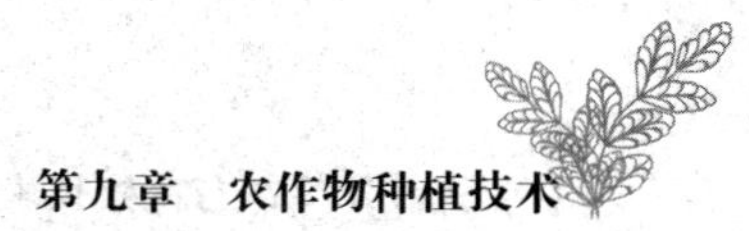

源之一。同时，根茎类饲料作物还具有一定的耐旱性和耐储存性，便于储存和运输。

（5）叶菜类饲料作物

此类有牛皮菜、苦荬菜、饲用甘蓝等，它们富含叶绿素和多种维生素，对动物的生长和发育具有积极作用。叶菜类饲料作物通常作为青饲料使用，具有较高的营养价值。

2. 饲料作物的特点与价值

饲料作物在农业生产中具有独特的价值和作用。首先，它们能为动物提供充足的营养，满足动物的生长和发育需求。其次，饲料作物的种植有利于优化农业产业结构，提高土地利用效率。最后，饲料作物的发展还能带动相关产业的发展，如饲料加工、养殖业等，促进农村经济的繁荣。

3. 饲料作物的种植与管理

为了充分发挥饲料作物的价值，种植和管理过程中需要注意以下五点。

（1）选择优质种子

选用抗病虫害能力强、生长势旺的种子，是提高饲料作物产量和品质的关键。

（2）合理施肥

根据饲料作物的营养需求，科学配比不同种类的肥料，确保作物能够获得充足的养分供应。

（3）病虫害防治

及时发现并采取有效措施防治饲料作物的病虫害，防止害虫和病菌对作物造成的危害。

（4）灌溉管理

合理的水分管理是保证饲料作物生长的重要环节。要根据作物的生长需水量，及时进行灌溉，确保作物的水分供应。

（5）收割技术

掌握合适的收割时机和收割技术，对于保证饲料质量和产量具有重要意义。

（六）药用作物

农作物不仅是人们的食物来源，它们还承载着治愈疾病的神奇力量。药用作物，作为农作物中的一种特殊品种，其独特的药用价值为人类健康提供了无尽的宝藏。下面将探讨药用作物的奥秘与魅力，带领读者领略这些神奇植物的世界。

1. 药用作物的定义与特点

药用作物是指具有药用价值的农作物。它们通常含有对人体有益的生物活性成分，如生物碱、黄酮、皂苷、多糖等，这些成分具有治疗疾病、增强免疫力、调节生理功能等多种功效。药用作物种类繁多，包括中药材、民间草药、药用蔬菜、药用花卉等多种类型。

药用作物在生长过程中，受到环境、气候、土壤等多种因素的影响，其药用价值也会有所不同。在种植药用作物时，需要根据其生长特性和需求，选择适合的种植方法和环境条件，以确保其药用价值的最大化。

2. 药用作物的种类与应用

药用作物从中药材到民间草药，从药用蔬菜到药用花卉，每一种植物都有其独特的药用价值。以下是一些常见的药用作物及其应用。

（1）中药材

中药材是中国传统医学的重要组成部分，具有悠久的历史和深厚的文化底蕴。常见的中药材包括人参、枸杞、当归、黄芪等，它们具有滋补身体、调节气血、治疗疾病等多种功效。中药材的种植和加工技艺，也是中国传统文化的瑰宝之一。

（2）民间草药

民间草药是指民间广泛使用的具有药用价值的植物。这些植物通常生长在自然环境中，具有独特的生长习性和药用价值。例如，金银花、蒲公英、马齿苋等，它们具有清热解毒、利尿消肿、抗菌消炎等功效，是民间常用的草药之一。

（3）药用蔬菜

药用蔬菜是指具有药用价值的蔬菜类作物。这些蔬菜不仅口感鲜美，而且具有多种药用价值。例如，洋葱、大蒜、生姜等，它们具有抗菌、抗炎、降血脂等功效，是日常饮食中常见的药用蔬菜之一。

（4）药用花卉

药用花卉是指具有药用价值的花卉类作物。这些花卉不仅美丽动人，而且具有较高的药用价值。例如，菊花、玫瑰花、桂花等，它们具有清热解毒、美容养颜、安神助眠等功效，是常用的药用花卉之一。

3. 药用作物的未来发展

随着人们对健康生活的追求和对自然疗法的认识加深，药用作物的市场需求也在不断增加。未来，药用作物的发展将呈现出以下趋势。

（1）品种多样化

随着科技的进步和人们对药用作物认识的加深，将会有更多的药用作物品种被发现和培育出来。这些新品种将具有更高的药用价值和更广泛的应用前景。

（2）标准化种植

为了提高药用作物的品质和产量，实现其药用价值的最大化，未来药用作物的种植将逐渐实现标准化。标准化种植包括选用优良品种、科学施肥、合理灌溉、病虫害防治等方面的内容。

（3）精深加工

为了提高药用作物的附加值和市场竞争力，未来药用作物的加工将逐渐实现精深加工。精深加工包括提取有效成分、制备成药剂、开发保健品等多种方式。这将使药用作物的应用更加广泛和多样化。

三、农作物品种在农作物种植中的重要性

在农业生产的广阔天地中，农作物品种的选择与种植无疑是决定产量、质量和经济效益的关键因素。下面将探讨农作物品种在农作物种植中的重要性。

（一）提高产量

优质的农作物品种通常具备较高的产量潜力。这些品种在抗病虫害、适应不良环境等方面表现出色，能够在各种条件下稳定生长，减少因自然灾害等因素导致的减产。种植优质品种能够显著提高农作物的产量。

（二）改善品质，满足市场需求

人们对农产品的品质要求也越来越高。优质的农作物品种通常具有更好的口感、更高的营养价值以及更长的保鲜期。这些品种能够满足市场对高品质农产品的需求。

（三）减少化肥农药使用，保护环境

优质农作物品种通常具备较强的抗病虫害能力，可以减少对化肥和农药的依赖。这不仅降低了农民的生产成本，还减轻了对环境的污染，有利于实现农业的可持续发展。

（四）促进农业科技创新

农作物品种的培育是农业科技创新的重要成果。通过不断研发新的农作物品种，可以推动农业科技的进步，提高农业生产的科技含量。同时，新品种的推广和应用还能够带动相关产业的发展，形成良性循环。

（五）增强农业抗风险能力

种植优质农作物品种可以增强农业生产的抗风险能力。在遭遇自然灾害等不利因素时，这些品种通常能够更好地适应环境，减少损失。此外，优质品种还能够提高农产品的市场竞争力，使农民在市场竞争中占据更有利的地位。

农作物品种在农作物种植中具有举足轻重的地位。通过种植优质农作物品种，可以提高产量、改善品质、减少化肥农药使用、促进农业科技创新以及增强农业抗风险能力。农民应该积极选用优质农作物品种，为农业生产的发展贡献力量。同时，政府和社会各界也应该加强对优质农作物品种的推广和扶持力度，为农业生产的可持续发展提供有力保障。

第二节　农作物种植的主要技术环节

一、土壤准备

在农作物种植过程中，土壤准备是至关重要的一环。良好的土壤准备不仅能够为作物提供充足的养分和水分，还能为作物根系生长创造一个良好的环境，从而保障农作物的

健康生长和高产。下面将详细探讨土壤准备的两个主要技术环节：选择适宜的土壤和翻耕松土。

（一）选择适宜的土壤

土壤是作物生长的基础，其质量直接影响作物的生长和产量。在选择种植地块时，要根据作物的生长特性和土壤的特性进行合理搭配。

1. 了解作物生长特性

不同的作物对土壤的要求不同，有的作物喜欢酸性土壤，有的作物则偏好碱性土壤。在选择土壤时，要先了解作物的生长特性，包括其对土壤 pH 值、有机质含量、养分需求等方面的要求。

2. 土壤检测与分析

在选择地块后，要对土壤进行详细检测和分析。这包括测量土壤的 pH 值、有机质含量、氮磷钾等养分的含量，以及土壤中微生物的数量和活性等。通过分析，了解土壤的质量和肥力状况，为后续的土壤改良和施肥提供依据。

3. 土壤改良

如果土壤质量不符合作物生长的要求，就需要进行土壤改良。改良措施包括调整土壤 pH、增加有机质含量、补充养分等。例如，对于酸性土壤，可以添加石灰来提高 pH；对于贫瘠的土壤，可以施用有机肥或化肥来补充养分。

（二）土地整理

土地整理是农作物种植的首要环节，它直接关系到土壤的肥力和通透性。首先，我们需要清除土地上的杂草、石块和其他障碍物，为农作物的生长提供充足的空间。接着，通过深耕、松土等措施，改善土壤的通透性，增加土壤中的空气含量，有利于作物根系的呼吸和生长。此外，深耕还能将深层的养分带到表层，提高土壤的肥力。

在土地整理过程中，我们还需要注意保持土地的平整。平整的土地有利于灌溉和排水，防止水分过多或过少对作物生长造成影响。此外，平整的土地还能减少杂草的生长，降低病虫害的传播风险。

（三）翻耕与松土

1. 翻耕

翻耕是指将深层的土壤翻到表层，与表层的土壤混合。这一步骤能够打破土壤板结，增加土壤的透气性和透水性，有利于作物根系的生长和发育。同时，翻耕还能将地表的杂草、病虫害等埋入深层土壤中，减少其对作物生长的影响。

2. 松土

松土是在翻耕的基础上进行的，其目的是进一步破碎土壤团块，使土壤更加松散、细碎。松土有利于作物根系在土壤中穿插和扩展，提高根系的吸收能力。同时，松土还能增加土壤与空气的接触面积，有利于土壤中微生物的繁殖和活动，促进有机质的分解和养分的释放。

（四）施肥

施肥是农作物种植中至关重要的一个环节。通过施肥，我们可以为作物提供生长所需的养分，促进作物的生长发育。施肥的方式有很多种，包括基肥和追肥两种。基肥是在播种前施入土壤的肥料，它能为作物提供长期稳定的养分供应。追肥则是在作物生长过程中根据作物的生长需求适时施入的肥料，能迅速补充作物所需的养分。

人们需要根据土壤的性质、作物的种类和生长阶段等因素来选择合适的肥料类型和施肥量。同时，还需要注意施肥的时间和方法，避免肥料浪费和环境污染。

（五）土壤消毒

土壤消毒是农作物种植中必不可少的一个环节。由于土壤中可能存在各种病原菌和害虫，这些病原菌和害虫会对作物的生长造成严重影响。在播种前对土壤进行消毒处理，可以有效地杀灭土壤中的病原菌和害虫，降低病虫害的发生风险。

土壤消毒的方法有很多种，包括化学消毒、物理消毒和生物消毒等。化学消毒是利用化学药剂来杀灭土壤中的病原菌和害虫，但需要注意药剂的选择和使用量，避免对作物和环境造成危害。物理消毒则是利用高温、辐射等方法来杀灭土壤中的病原菌和害虫，但这种方法设备复杂、成本较高。生物消毒则是利用有益微生物来抑制病原菌和害虫的生长繁殖，这种方法环保、安全、经济，但效果较慢。

在进行土壤消毒时，需要根据土壤的性质、作物的种类和种植环境等因素来选择合适的消毒方法。同时，还需要注意消毒的时机和方法，确保消毒效果的同时不会对作物和环境造成不良影响。

总之，农作物种植中的土壤准备是一个综合性的技术环节，它涉及土地整理、施肥和土壤消毒等多个方面。通过科学合理的土壤准备技术，可以为作物提供优质的生长环境。

二、种子的选择与处理

种子的选择与处理是至关重要的一环，直接关系到农作物的产量和质量。正确选择和处理种子，能够为农作物提供健康的生长起点，进而保障农业生产的高产高效。

（一）种子的选择

种子的选择是农作物种植的第一步，也是最为关键的一步。种子的质量直接影响到农作物的生长势、抗病性和产量。在选择种子时应综合考虑以下四个因素。

1.品种特性

根据种植地区的气候、土壤等自然条件，选择适应当地生态环境的品种。同时，要考虑品种的产量、品质、抗病性等特性，选择综合性状优良的品种。

2.种子纯度

种子纯度是指种子中本品种种子所占的百分率。纯度越高，说明种子中杂质越少，种子质量越好。一般应选择纯度在95%以上的种子。

3.种子发芽率

发芽率是衡量种子质量的重要指标之一。发芽率高的种子，出苗整齐、健壮，有利于提高产量。应选择发芽率在90%以上的种子。

4.种子来源

选择信誉良好的种子公司或科研机构提供的种子，确保种子质量可靠。避免购买来源不明的种子，以免引入病虫害或杂草种子。

（二）种子的处理

种子处理是为了提高种子的发芽率、抗病性、生长势，为农作物的生长奠定良好的基础。常用的种子处理方法有以下四种。

1. 晒种

在播种前，将种子摊放在阳光下晒种 1 ～ 2 天，可以杀灭种子表面的病菌和虫卵，提高种子的发芽率。

2. 浸种

将种子浸泡在适宜浓度的药液中，如杀菌剂、生长调节剂等，可以杀灭种子内部的病菌和害虫，提高种子的抗病性。浸泡时间根据药液浓度和种子大小而定，一般为几小时至一天。

3. 包衣

使用种衣剂对种子进行包衣处理，可以在种子表面形成一层保护膜，防止病菌和害虫的侵害。同时，种衣剂中还可以添加营养成分和生长调节剂，促进种子的生长和发育。

4. 催芽

对于某些需要催芽的作物，如水稻、玉米等，可以在播种前进行催芽处理。催芽可以提高种子的发芽率，使出苗更加整齐、健壮。催芽方法因作物而异，一般需要控制温度、湿度等条件。

总之，种子的选择与处理是农作物种植中不可忽视的环节。正确选择和处理种子能够为农作物的生长提供健康的起点，为农业生产的高产高效奠定坚实的基础。

三、播种

播种作为农作物种植过程中的首要技术环节，对于农作物的生长、产量以及品质有着至关重要的影响。下面将从播种时间、播种方式、播种密度、播种量以及播种深度这五个方面，对农作物种植的主要技术环节进行详细介绍。

（一）播种时间

播种时间是农作物种植过程中的首要考虑因素。不同的农作物因其生长习性和对环境条件的需求不同，对播种时间的要求也有所差异。例如，小麦、玉米、大豆等粮食作物的播种时间主要集中在春季或秋季，以适应不同的气候条件。而一些瓜果蔬菜类作物，如番茄、青椒、黄瓜等，则多选择在春季或夏季播种，以充分利用温暖的气候条件促进生长。

（二）播种方式

播种方式的选择直接影响到播种的效率和农作物的生长状况。目前，常见的播种方式主要有传统播种、机械播种、飞机播种、水播以及移栽等。传统播种方式操作简单，但效率较低；机械播种则大大提高了播种效率，减少了人力成本，并且能够保证播种的均匀度和密度；飞机播种适用于大面积的农田和草原；水播则主要适用于一些水生植物的种植；移栽则适用于一些生长周期较长的农作物。在选择播种方式时，需要根据农作物的种类、土壤条件、气候条件等因素进行综合考虑。

（三）播种密度

播种密度是影响农作物生长和产量的重要因素之一。合理的播种密度可以保证农作物充分利用土地资源，减少病虫害的发生。播种密度过大，会导致植株之间竞争激烈，争夺养分和水分的能力减弱，影响产量；播种密度过小，则会导致土壤水分的过度蒸发，增加病虫害的风险。在播种前需要根据农作物的种类、土壤条件、气候条件等因素，确定合理的播种密度。

（四）播种量

播种量是在计划基本苗数确定之后，根据所用品种的千粒重、发芽率和田间出苗率计算出来的。在保证有充足用苗的前提下，适宜的播种量不仅可以减少种子成本，还可以节省土地，便于管理，降低管理成本。在确定播种量时，需要考虑种子的品种特性、播种期早晚、土壤肥力和生态区域等因素。

（五）播种深度

播种深度是影响农作物发芽和生长的关键因素之一。播种深度过浅，会导致种子暴露在空气中，容易受到干旱和病虫害的影响；播种深度过深，则会影响种子的发芽和生长。在播种时需要根据农作物种子的特性、土壤条件、气候条件等因素，确定适宜的播种深度。例如，大粒种子储存物质多，发芽顶土能力强，宜深播；沙土疏松，土壤水分较少，播种宜稍深；黏土结实，土壤水分充足，播种宜浅。

播种作为农作物种植的主要技术环节之一，对农作物的生长、产量和品质具有重要影响。在实际种植过程中，需要根据农作物的种类、土壤条件、气候条件等因素，综合考虑

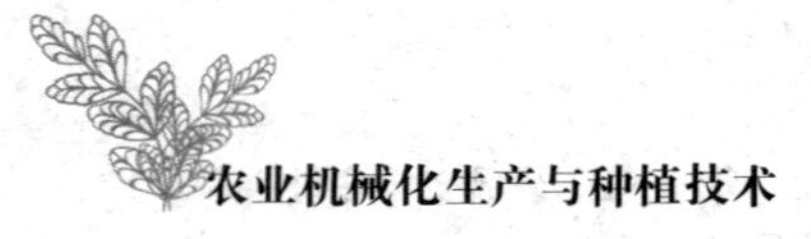

播种时间、播种方式、播种密度、播种量以及播种深度等因素，确保农作物的正常生长和高产优质。

四、田间管理

农作物种植不仅是播种与收获的简单过程，其中涉及一系列复杂的田间管理技术环节。这些环节对于农作物的健康生长、提高产量和保证品质至关重要。下面将详细探讨农作物种植中五个主要的田间管理技术环节：灌溉、除草、病虫害防治、施肥和植株调整。

（一）灌溉

灌溉是农作物种植中必不可少的环节，其目的在于为作物提供必要的水分，保证其正常生长。灌溉方法多种多样，包括沟灌、喷灌、滴灌等。选择何种灌溉方式需要根据作物的生长需求、土壤类型、气候条件等因素综合考虑。合理的灌溉管理可以有效节约用水，提高灌溉效率。

（二）除草

除草是田间管理的重要一环，其目的在于消除杂草对作物生长的竞争压力。杂草会争夺作物的养分、水分和光照，严重影响作物的产量和品质。除草方法包括人工除草、机械除草和化学除草。在选择除草方法时，应充分考虑环境安全、生态平衡和经济效益等因素，尽量减少化学除草剂的使用，推广生物防治和物理防治等绿色除草技术。

（三）病虫害防治

病虫害防治是农作物种植中不可或缺的一环。病虫害会严重损害作物的生长和产量，甚至导致作物死亡。病虫害防治应采用综合防治策略，包括农业防治、生物防治、物理防治和化学防治等。在防治过程中，应注重预防为主，采取科学、合理、有效的防治措施，降低病虫害对作物的危害。

（四）施肥

施肥是农作物种植中的关键环节，其目的在于为作物提供必要的养分，促进其生长和发育。施肥应根据作物的生长需求、土壤养分状况和气候条件等因素进行科学合理的施肥管理。在施肥过程中，应注重有机肥和无机肥的配合使用，提高肥料的利用率和效果。同时，还应注意施肥时间和施肥量的控制，避免过量施肥导致土壤污染和作物生长不良。

（五）植株调整

植株调整是农作物种植中的一项重要技术环节，其目的在于通过调整作物的生长状态，优化其生长环境。植株调整包括疏花疏果、整枝打杈、支撑固定等措施。这些措施可以有效控制作物的生长势，防止过度生长和倒伏等现象的发生，同时也有利于提高作物的通风透光性，减少病虫害的发生。在植株调整过程中，应根据作物的生长情况和实际需求进行科学合理的调整管理。

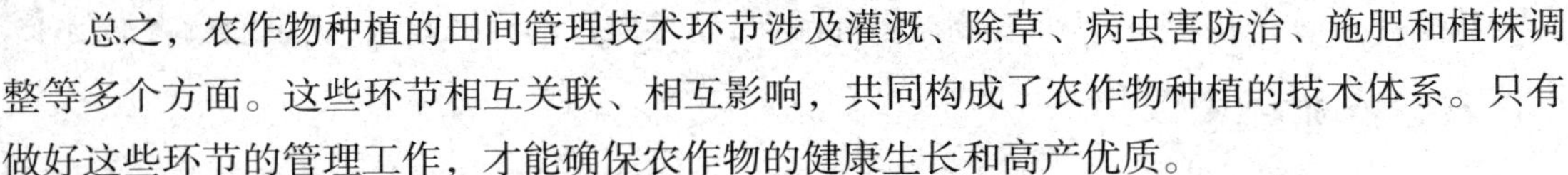

总之，农作物种植的田间管理技术环节涉及灌溉、除草、病虫害防治、施肥和植株调整等多个方面。这些环节相互关联、相互影响，共同构成了农作物种植的技术体系。只有做好这些环节的管理工作，才能确保农作物的健康生长和高产优质。

五、收获与储存

在农作物的种植过程中，收获与储存是两个至关重要的技术环节。这两个环节不仅影响着农作物的产量和质量，还直接关系到农民的经济收入和消费者的食品安全。下面，我们将从成熟度判断、收获方法、初加工和储存四个方面，详细探讨农作物种植的主要技术环节。

（一）成熟度判断

判断农作物的成熟度是收获的首要步骤。准确的成熟度判断能够确保农作物在最佳状态下被收获，从而提高产量和品质。判断农作物成熟度的方法多种多样，主要包括外观观察法、手感判断法、内部表征法、风味品质法和化学指标法等。例如，对于水果类作物，可以通过观察果实表面的颜色、大小、形状和纹理等特征来判断其成熟度；对于蔬菜类作物，则可以通过触摸叶片的硬度、弹性和质地等来判断其成熟度。

（二）收获方法

收获方法的选择应根据农作物的种类、生长特性以及市场需求等因素来确定。对于谷物类作物，如小麦、玉米等，通常采用机械收获的方式，以提高收获效率和降低劳动强度。而对于果树类作物，如苹果、梨等，则需要采用手工采摘的方式，以保证果实的完整性和品质。在收获过程中，还应注意保持收割工具的清洁，避免交叉污染和传播病虫害。

（三）初加工

初加工是农作物收获后的重要步骤，其目的是对农作物进行初步处理，以便后续储存和销售。初加工的方法因农作物种类而异。谷物类作物初加工主要包括脱粒、干燥、筛选等步骤，以去除杂质、降低水分含量和提高品质。对于果蔬类作物，初加工则主要包括清洗、分级、包装等步骤，以保持果蔬的新鲜度和外观品质。

（四）储存

储存是农作物种植过程中的最后一个技术环节，其目的是通过合理的储存方式和技术手段，延长农作物的保鲜期，保持其品质和价值。储存方式的选择应根据农作物的种类、特点和市场需求来确定。谷物类作物通常采用干燥通风的储存方式，以防止霉变和虫害。果蔬类作物则可以采用冷藏、气调储存等方式，以保持其新鲜度和口感。在储存过程中，还应注意定期检查和保养，及时发现并处理腐烂、病虫害等问题，以确保储存效果。

总之，农作物的收获与储存是农业生产过程中不可或缺的两个技术环节。通过准确的成熟度判断、选择合适的收获方法、合理的初加工和科学的储存方式，可以确保农作物在

最佳状态下被收获和储存,从而提高产量和品质,增加农民的经济收入,满足消费者的需求。

六、农业环境保护

了实现可持续农业发展，必须高度重视并采取相应的措施来保护环境。下面将从减少农药和化肥使用、土壤保护以及水资源保护三个方面，探讨农作物种植的主要技术环节与农业环境保护的关系。

（一）减少农药、化肥使用

农药和化肥在农业生产中扮演着重要角色，它们能够提高作物产量，但过量使用也会对环境和人体健康造成严重影响。减少农药和化肥的使用成为农业环境保护的首要任务。

1. 推广生物防治和物理防治技术

利用天敌、微生物等生物资源来防治病虫害，可以减少对化学农药的依赖。同时，采用物理方法如灯光诱杀、色板诱捕等也能有效控制害虫数量。

2. 精准施肥技术

通过土壤测试和作物营养需求分析，制订合理的施肥方案，实现精准施肥。这不仅能满足作物生长需求，还能避免肥料浪费和环境污染。

3. 发展有机农业

有机农业遵循自然规律和生态学原理，通过种植绿肥、作物轮作等方式来培肥土壤，减少化肥的使用。同时，有机农业还注重生物多样性，有助于维持生态平衡。

（二）土壤保护

土壤是农作物生长的基础，也是农业生态系统的重要组成部分。保护土壤对于维护农业生产和生态环境具有重要意义。

1. 实行秸秆还田和绿肥种植

秸秆还田可以增加土壤有机质含量。绿肥种植则能增加土壤中的氮、磷、钾等营养元素。

2. 合理耕作制度

采用深松、少耕等耕作方式，可以减少土壤侵蚀和压实，保持土壤的良好结构和通透性。同时，合理轮作和间作也能避免单一作物种植对土壤造成的损害。

3.防止土壤污染

加强农业废弃物的处理和管理，避免其进入土壤而造成污染。同时，合理使用农药和化肥，防止其残留物在土壤中危害作物。

（三）水资源保护

水是生态环境的重要组成部分。保护水资源对于维护农业生产和生态环境具有重要意义。

1. 推广节水灌溉技术

采用滴灌、喷灌等节水灌溉技术，可以减少水资源的浪费。同时，这些技术还能根据作物生长需求进行精准灌溉，有利于作物生长和产量提高。

2. 加强水资源管理

建立健全水资源管理制度，合理规划和分配水资源，确保农业生产的用水需求得到满足。同时，加强水资源的监测和评估，及时发现和解决水资源存在的问题。

3. 防治水污染

加强农业面源污染的治理和管理，防止农药、化肥等污染物进入水体造成污染。同时，加强工业废水和生活污水的处理和管理，确保水质安全。

总之，农作物种植的主要技术环节与农业环境保护密切相关。通过减少农药和化肥的使用、保护土壤和水资源等措施，可以实现农业生产的可持续发展和生态环境的良性循环。

第三节　农作物种植机械化

一、农作物种植机械化播种方法

机械化播种已成为提高农作物种植效率、保证作物产量的重要手段。下面将详细介绍三种常见的机械化播种方法，并探讨它们在农作物种植中的应用。

（一）条状播种

条状播种是机械化播种中最为常见的一种方式。它利用播种机械在田地上按照一定的行距和株距开出播种沟，然后将种子均匀地播撒在沟内，最后覆盖土壤。这种方式适用于种子大小适中、长势一致的农作物，如小麦、玉米、大豆等。

条状播种的优点在于播种速度快、效率高，能够节省大量的人力和时间。同时，由于播种沟的开设和种子的均匀分布，使得农作物在生长过程中能够获得均匀的养分和水分供应，有利于提高作物产量。

然而，条状播种也存在一定的局限性。在播种过程中，如果播种机械的行距和株距设置不当，或者土壤湿度、紧实度等条件不合适，就可能导致种子分布不均匀、出苗不整齐等问题。在使用条状播种时，需要根据具体的农作物品种和土壤条件进行合理的调整。

（二）坑穴播种

坑穴播种是另一种常见的机械化播种方式。它利用播种机械在田地上按照一定的间距挖出坑穴，然后将种子播放在坑穴内，最后用土壤覆盖。这种方式适用于种子较大、生长势较强的农作物，如马铃薯、花生、向日葵等。

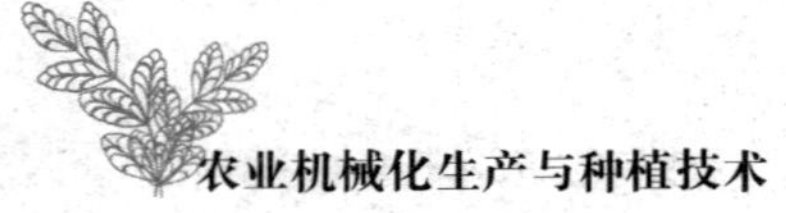

坑穴播种的优点在于能够确保每个种子都有足够的生长空间和养分供应，有利于提高作物的生长势和产量。同时，由于坑穴的开设能够增加土壤的透气性和保水性，有利于改善土壤环境。

然而，坑穴播种也存在一些缺点。首先，由于需要挖出坑穴，因此相对于条状播种来说，播种速度较慢。其次，在播种过程中需要控制好坑穴的深度和大小，以确保种子能够顺利生长。坑穴过深或过浅，都可能导致种子生长不良或出苗困难。

（三）育苗播种

育苗播种是一种现代化的农作物种植方式。它利用育苗盘或育苗箱等容器进行育苗，待幼苗长到一定阶段后再将其移栽到田地中。这种方式适用于对生长环境要求较高的农作物，如蔬菜、花卉等。

育苗播种的优点在于能够提前进行育苗工作，缩短农作物的生长周期。同时，通过控制育苗环境的温度、湿度等条件，可以促进幼苗的生长和发育，提高幼苗的成活率和生长率。此外，由于育苗播种可以集中管理幼苗，因此有利于减少病虫害的发生和传播。

然而，育苗播种也存在一些挑战。首先，育苗过程需要耗费大量的时间和精力。其次，在移栽过程中需要注意幼苗的保护和土壤的处理，以避免对幼苗造成损伤或影响幼苗的生长。

条状播种、坑穴播种和育苗播种是三种常见的农作物种植机械化播种方法。在实际应用中需要根据具体的农作物品种和土壤条件选择合适的播种方式以提高农作物的产量和质量。

二、农作物种植机械化作业技术要求

农作物种植机械化作业已成为提高农业生产效率、保障粮食安全、实现农业可持续发展的重要手段。下面将探讨农作物种植机械化作业的技术要求，以期为我国农业现代化进程提供参考。

（一）耕地作业技术要求

耕地作业是农作物种植机械化作业的基础环节，其目的是使土壤松碎、恢复团粒结构，有利于积蓄养分和水分，为种子发芽及作物生长创造良好的条件。耕地作业的技术要求如下。

①耕地质量要达到“直、平、深、齐、墒、碎、净”七字标准。要求耕地直线度高、地面平整、适宜深耕、耕幅一致、土壤湿润适中、土块细碎、无杂草残留。

②选择适当的耕地方法，根据地块情况确定开、闭垄方式，避免多年重复一种方式，防止人为破坏土地的平整。

③耕地前应进行灭茬作业，将作物秸秆粉碎还田，以培肥地力。

（二）整地作业技术要求

整地作业是在耕地作业基础上进行的，其目的是进一步疏松表土、切断土壤毛细管，达到蓄水保墒、防止土壤返盐和增加地温的效果。整地作业的技术要求如下。

①整地作业要以墒情为中心，达到“平、深、齐、墒、碎、净”六字标准。选择适当的机械和整地方法，在保证作业质量的前提下，尽量采用复式作业，减少作业层次，以免土壤中层板结。

②进行耙地作业时，深度要达到要求，与规定相差不超过 2 厘米，耙后不得把土壤中的覆盖物（杂草、残株、肥料等）重新翻出。

③进行平地作业时，应基本消除因耕作造成的垄沟、小包等凹凸不平，保持田面平整。

（三）播种作业技术要求

播种作业是农作物种植机械化作业的关键环节，其目的是将种子按照规定的行距、株距、播深等要求均匀地投放到土壤中，为作物生长发育奠定基础。播种作业的技术要求如下。

①播种作业必须达到播期适时、播行笔直、行距一致、地头整齐、播量准确、下籽均匀、不重不漏、播深适宜、覆土良好、镇压确实的要求。

②根据作物种类和地块情况选择合适的播种机械，如大豆单粒等距点播、玉米垄上精量点播等，确保播种质量。

③灌溉地区，农民播种可使用小畦筑埂机，小畦高度应达到要求，以保证灌溉效果。

（四）其他机械化作业技术要求

除了耕地、整地和播种作业外，农作物种植机械化作业还包括灌溉、施肥、除草、收割等环节。这些环节的技术要求如下。

①灌溉作业应采用节水灌溉技术，如喷洒灌溉技术，以提高水资源利用效率。

②施肥作业应采用智能化施肥技术，根据作物需求精准投放施肥剂，避免养分浪费和土壤污染。

③除草作业应选择合适的除草机械和除草剂，减少对作物的伤害，提高除草效果。

④收割作业应选择合适的收割机械和收割时间，确保作物成熟度和收割质量。

总之，农作物种植机械化作业技术要求涉及多个环节和方面，需要综合考虑地块情况、作物种类、气候条件等因素，选择合适的机械和技术手段，以提高农业生产效率和质量。

三、农作物种植机械化作业的适用机具

（一）拖拉机

在农业生产中，农作物种植机械化作业已成为提高生产效率、降低劳动力成本、保障农产品质量的关键途径。而在这一过程中，拖拉机作为重要的农业机械设备，凭借其强大

的功能和广泛的适用性，为农作物种植机械化作业提供了强有力的支持。下面将深入探讨拖拉机在农作物种植机械化作业中的适合机具地位。

1. 拖拉机在农作物种植机械化作业中的作用

拖拉机作为农业机械化作业的核心动力设备，其在农作物种植机械化作业中发挥着至关重要的作用。

（1）搭载农具

拖拉机可以搭载各种农具，如犁耕机、播种机、收割机等，实现耕地、播种、收割等作业的全机械化。这不仅可以大幅度提高作业效率，降低人工成本，还能保证作业质量，提升农产品的产量和品质。

（2）适应性良好

拖拉机在农作物种植机械化作业中具有良好的适应性。无论是水田作物还是旱地作物，无论是平原地区还是山区丘陵地带，拖拉机都能凭借其强大的动力和稳定的性能，完成各种复杂的农业作业任务。同时，拖拉机还可以根据不同的作物种植需求，配备相应的农具和装置，实现精准播种、精准施肥等智能化作业。

2. 拖拉机在农作物种植机械化作业中的优势

拖拉机在农作物种植机械化作业中的优势主要体现在以下几个方面。

（1）动力强劲

拖拉机作为农业机械化作业的动力源，其动力强劲、稳定性好，可以适应各种复杂的农业作业环境。同时，拖拉机还可以根据不同的作业需求，调整动力输出和转速，实现作业效率和作业质量的最佳匹配。

（2）适应性广

拖拉机可以搭载各种农具和装置，实现多种农业作业任务。无论是耕地、播种、收割等田间作业，还是运输、灌溉等农业生产活动，拖拉机都能胜任。这使得拖拉机在农作物种植机械化作业中具有广泛的适用性。

（3）智能化程度高

随着农业科技的不断发展，拖拉机已经实现了智能化控制。通过搭载智能导航系统、自动驾驶系统等高科技设备，拖拉机可以实现精准播种、精准施肥等智能化作业。这不仅提高了作业效率和质量，还减少了农业生产资料的浪费，有利于实现农业生产的可持续发展。

（4）操作简便

拖拉机操作简单、易学易用，使得农民朋友们可以轻松掌握其操作技巧。同时，拖拉机还配备了完善的安全保护装置，保障了操作人员的安全。

（二）播种机

1. 播种机的适合性

播种机是一种专门用于播种作业的机械设备，其设计原理和工作方式使得它非常适合于现代农作物种植的需求。首先，播种机可以根据不同的作物种类和播种要求，调整播种量、行距、定植距离和播种深度等参数，确保作物在最佳的生长条件下生长。其次，播种机具有自动化、精准化的特点，可以大大提高播种的效率和准确性，减少人力和时间的投入。最后，播种机还可以与拖拉机等农业机械配合使用，形成完整的机械化种植系统，进一步提高农作物的产量和质量。

2. 播种机的优势

（1）提高生产效率

播种机采用机械化作业方式，能够大大缩短播种时间，提高生产效率。一台播种机可以完成相当于数十人甚至更多人的工作量，使得农民能够有更多的时间和精力投入其他农业生产活动中。

（2）节省劳动力

传统的播种方式需要大量的人力投入，而播种机的使用可以显著减少人力需求，降低劳动强度。农民可以将节省下来的劳动力用于其他农业生产环节，如灌溉、施肥、除草等，进一步提高农业生产的效益。

（3）保证播种质量

播种机采用先进的技术和精密的部件，能够实现精准的播种操作，保证作物在种植过程中的均匀性和精度。这不仅有利于作物的生长发育，还可以提高作物的产量和品质。

（4）适应性强

播种机可以适应不同的作物种类和播种要求，通过调整参数和更换部件，可以适应不同的播种环境和作业条件。这使得播种机具有广泛的适用性和灵活性，能够满足不同地区的农业生产需求。

3. 播种机的类型与选择

播种机的类型繁多，包括撒播机、条播机和穴播机等。不同类型的播种机适用于不同的作物种类和播种要求。在选择播种机时，农民需要根据自己的实际需求和生产条件进行综合考虑。例如，对于小粒种子作物如谷物和蔬菜等，可以选择条播机进行播种；对于中耕作物如玉米、棉花等，可以选择穴播机进行播种。此外，还需要考虑播种机的品牌、质量、价格等因素，选择性价比高的产品。

（三）收割机

1. 收割机的种类与功能

收割机根据其结构和功能的不同，可以分为多种类型，如谷物收割机、牧草收割机、稻麦联合收割机等。这些收割机各具特色，但共同的目标都是实现农作物的快速、高效收

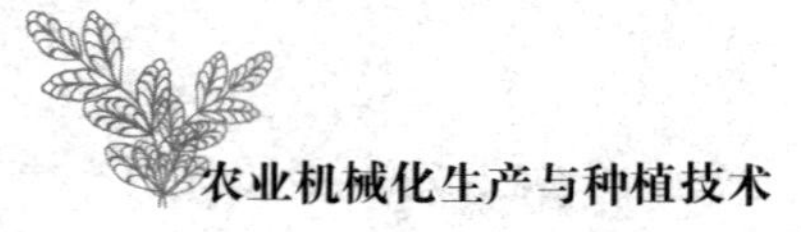

割。它们通过切割、收集、分离、清理等一系列步骤，将农作物从田间转移到仓库，极大地减少了人力投入，提高了生产效率。

2. 收割机在农作物种植机械化作业中的优势

（1）提高效率

收割机能够在短时间内完成大面积的收割工作，相比传统的人工收割，效率得到了极大的提升。

（2）减少损失

收割机在收割过程中能够精确控制切割高度，减少农作物损失，同时其内部的清理系统也能有效去除杂质，提高农产品的质量。

（3）节省人力

机械化收割减少了大量的人力投入，使农民有更多的时间和精力投入其他农业生产环节中。

（4）适应性强

不同种类的收割机能够适应不同的农作物和作业环境，具有较强的适应性和灵活性。

（四）插秧机

插秧机是一种将稻苗植入稻田中的农业机械。在种植过程中，插秧机首先通过机械爪从苗床中取出数株稻苗，并精准地植入田中的泥土中。为了确保稻苗与地面的角度为直角，机械爪的前端移动时采取椭圆形的动作曲线，这一动作由旋转式或变形齿轮的行星机构来完成。同时，插秧机在泥土上行进时，其止滑的车轮和浮行设计确保了插秧的稳定性和准确性。

插秧机通常按操作方式和插秧速度进行分类。按操作方式可分为步行式插秧机和乘坐式插秧机。步行式插秧机多为普通插秧机，适用于小面积农田的种植；而乘坐式插秧机则包括普通插秧机和高速插秧机，适用于大面积农田的高效种植。

插秧机具有如下的优势。

①提高工效。插秧机能够快速地完成插秧作业，大大提高了工作效率。相比传统的人工插秧，插秧机能够在短时间内完成大量农田的种植任务。

②提升栽插质量。插秧机通过精准的机械爪和稳定的行进设计，能够确保稻苗与地面的角度为直角，从而提高栽插质量。这有助于稻苗的生长和产量的提升。

③降低劳动强度。插秧机的使用大大减轻了农民的劳动强度，使农民能够更加轻松地完成种植任务。同时，插秧机的操作也相对简单，容易上手。

（五）智能喷洒机

1. 智能喷洒机的特点

智能喷洒机结合了先进的航空技术、遥感技术和智能控制系统，能够在农田上空进行

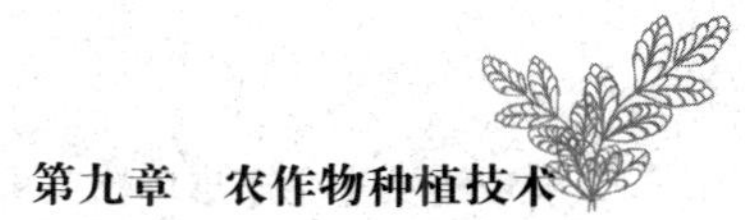

高效、精准的农药喷洒作业。相比传统的人工喷洒，智能喷洒机具有显著的优势。

（1）智能喷洒机能够大幅度提高作业效率

由于无人机能够飞行在空中，因此可以快速地覆盖大面积的农田，减少了人工操作的时间和成本。同时，智能喷洒机还能够根据农田的实际情况，自动调整飞行高度和速度，确保农药喷洒的均匀性和一致性。

（2）智能喷洒机具有精准的喷洒能力

通过高精度的GPS导航系统和先进的传感器，智能喷洒机能够确保在飞行过程中保持稳定的航线，并精确地控制农药的喷洒量和范围。这种精准的喷洒方式不仅能够减少农药的浪费，还能够避免对周围环境的污染。

（3）智能喷洒机具有环保的特点

相比传统的人工喷洒方式，智能喷洒机能够减少化学农药的使用量，降低对土壤和水源的污染。同时，智能喷洒机还能够通过搭载的高清摄像头和多光谱传感器，对农田进行实时监测和数据分析，为农业生产提供科学依据，促进农业的可持续发展。

2. 智能喷洒机的应用场景

智能喷洒机在农作物种植机械化作业中具有广泛的应用场景。

（1）控制病虫害

在病虫害高发期，智能喷洒机可以快速响应，对受害区域进行集中喷洒，有效控制病虫害的扩散。这不仅能够减少农作物的损失，还能够降低农药的使用量，减轻对环境的污染。

（2）精准施肥和营养补充

在作物生长的关键时期，如开花、结果等阶段，智能喷洒机可以进行精准施肥和营养补充。通过搭载的智能控制系统，智能喷洒机可以根据作物的生长情况和需求，自动调整肥料的种类和喷洒量，确保作物得到充足的营养供应，提高作物的产量和品质。

（3）智能喷洒机可以用于农田的勘测和监测作业

通过搭载的高清摄像头和多光谱传感器，智能喷洒机可以捕捉到作物的生长信息，如水分状况、生长情况等，为农业生产提供科学依据。同时，智能喷洒机还可以对农田进行实时监测和数据分析，及时发现和解决农田中的问题，提高农业生产的效率和质量。

四、农作物种植机械化作业的未来发展

随着科技的日新月异，农作物种植机械化作业的未来发展呈现出崭新的趋势。从自动化、智能化到无人化、远程化，再到绿色环保和节能减排，以及定制化和个性化，这些变革不仅将极大提高农业生产的效率，也将推动整个农业产业向更加绿色、智能、个性化的方向发展。

（一）自动化和智能化

自动化和智能化是农作物种植机械化作业的重要发展方向。通过引入先进的传感器、

控制系统和人工智能技术，可以实现播种、施肥、灌溉、收割等作业的全自动化操作。智能化技术还能根据作物生长情况、土壤湿度、气候条件等因素，自动调节作业参数，实现精准农业管理。这不仅提高了作业效率，也降低了人力成本，使得农业生产更加高效、便捷。

（二）无人化和远程化

无人化和远程化是农作物种植机械化作业的另一个重要趋势。通过无人机、无人驾驶拖拉机等设备，可以实现无人驾驶、自动巡航的种植作业。同时，结合物联网技术，可以实现对农田、作物生长情况的远程监控和管理。这不仅降低了人工作业的风险和劳动强度，也提高了作业的安全性和可靠性。此外，远程化技术还能实现农业生产的远程指导和支持，使得农业生产更加便捷、高效。

（三）绿色环保和节能减排

绿色环保和节能减排是未来农作物种植机械化作业的必然选择。通过引入先进的节能减排技术，如节能型拖拉机、节水灌溉技术等，可以降低农业生产过程中的能源消耗和排放。同时，采用生物降解材料、绿色肥料等环保材料，也能减少对环境的污染。此外，通过精准农业管理，可以实现对作物生长情况的精准控制，减少化肥、农药的使用量，进一步降低对环境的负面影响。

（四）定制化和个性化

定制化和个性化是未来农作物种植机械化作业的另一个重要方向。随着消费者对农产品品质、口感等要求的不断提高，农业生产也需要更加注重个性化和定制化。通过引入先进的生物技术、信息技术等，可以实现对作物生长过程的精准调控和定制化生产。这不仅可以满足消费者对农产品的个性化需求，也能提高农产品的附加值和市场竞争力。

总之，农作物种植机械化作业是现代农业发展的必然趋势。通过应用先进的农业机械和技术，可以实现农业生产的高效、精准和可持续发展，为农业现代化的实现提供有力支撑。

第十章　农业机械化与农业种植的融合发展

第一节　农业机械化对农业种植的影响与推动作用

农业机械化使农业生产条件得到了显著改善。下面将从多个方面探讨农业机械化对农业种植的影响与推动作用。

一、改善生产条件

农业机械化改善了农业生产条件，提高了农业生产的舒适度和安全性。传统的农业生产方式中，农民需要在恶劣的环境条件下进行长时间的工作，容易受到自然灾害和疾病的威胁。而现代农业机械的应用，使得农民可以在相对舒适和安全的环境下进行农业生产。例如，拖拉机等农业机械能够替代农民进行重体力劳动，减少了农民的劳动强度；同时，现代化的温室、大棚等设施还能够为作物提供良好的生长环境。

此外，农业机械化还能够提高农业生产的精准度和可控性。现代农业机械配备了先进的传感器、控制系统等技术，能够实现精准播种、施肥、灌溉和收割等作业。这些技术的应用不仅提高了农业生产的精准度，还能够根据作物的生长情况实时调整作业参数，提高了农业生产的可控性。

二、提高土地利用率

农业机械化提高了土地利用率，增加了农作物的产量和品质。传统的农业生产方式中，由于耕作方式落后、管理不善等原因，土地利用率较低，导致农作物的产量和品质受到限制。而现代农业机械的应用能够实现土地的深耕细作、精准施肥、节水灌溉等作业，提高了土地的肥力和水分利用效率。同时，现代农业机械还能够实现农作物的密植栽培和轮作种植等作业，提高了土地的利用率和农作物的产量和品质。

此外，农业机械化还能够促进农业生产的规模化、标准化和产业化发展。随着农业机械化的推进，农业生产逐渐实现了规模化经营和标准化管理。这些变化使得农业生产更加规范、高效和可持续，为农业种植的长期发展奠定了坚实的基础。

三、优化种植结构

农业机械化对种植结构的优化主要体现在以下三个方面。

1. 精准作业

通过采用先进的农业机械装备，如精准播种机、智能施肥机等，可以实现对农田的精准作业。这些机械装备能够根据不同地块的土壤条件、作物种类和生长需求，精确控制播种量、施肥量和灌溉量。

2. 多样化种植

农业机械化的推广和应用使得多种作物在同一地块上轮作或间作成为可能。这种多样化种植模式能够充分利用土地资源，提高土地的产出率和综合效益。同时，多样化的种植结构也有助于降低病虫害的发生概率，有利于生态环境的保护。

3. 作物结构调整

农业机械化推动了作物结构的调整。传统的种植方式往往以粮食作物为主，而农业机械化的应用使得果蔬、花卉等经济作物的种植成为可能。这种作物结构的调整不仅能够满足市场需求，还能够提高农民的收入水平。

四、实现规模效益

农业机械化是实现规模效益的重要手段。

1. 提高生产效率

农业机械化的应用可以大幅度提高农业生产效率。例如，使用联合收割机可以一次性完成收割、脱粒和清选等多个作业环节，大大缩短了作业时间；使用拖拉机进行耕地作业可以大幅度提高耕作效率和质量。这些高效率的农业机械装备使得农业生产更加省时、省力、高效。

2. 降低生产成本

农业机械化可以降低生产成本。一方面，机械作业可以节省人力成本和时间成本；另一方面，通过精准作业和多样化种植等手段可以提高土地的产出率和综合效益，从而降低单位面积的生产成本。此外农业机械化的应用还有助于减少农药和化肥的使用量，进一步降低生产成本和减少环境污染。

3. 促进农业产业化发展

农业机械化是农业产业化发展的重要支撑。通过推广和应用先进的农业机械装备和技术，可以推动农业生产向规模化、集约化、标准化方向发展。这不仅能够提高农产品的质量和安全水平，还能够增强农产品的市场竞争力，推动农业产业化经营的发展。

总之，农业机械化对农业种植的影响与推动是多方面的。它不仅优化了种植结构，还实现了规模效益，为农业生产的可持续发展注入了强大动力。未来，随着科技的不断进步和现代农业的深入发展，农业机械化将在农业生产中发挥更加重要的作用。

第二节　农业机械化与农业种植技术的可持续发展路径

一、农业机械化的可持续发展路径

随着全球人口的增长和科技的飞速发展，农业机械化已成为提高农业生产效率、保障粮食安全的重要手段。然而，在推进农业机械化的同时，人们也面临着资源短缺、环境污染等可持续发展方面的挑战。探索农业机械化的可持续发展路径，对于促进农业现代化、实现农业可持续发展具有重要意义。

农业机械化是实现农业现代化、保障粮食安全的重要手段。在推进农业机械化的过程中，我们应注重可持续发展，加强农业机械技术的创新，推广节能环保型农业机械，优化农业机械化生产方式，加强政策支持，加强国际合作与交流。

（一）农业机械化可持续发展的意义

1. 提高农业生产效率

农业机械化可以大幅减少人力投入，从而增加农产品产量，满足人们对食品的需求。

2. 减轻农民劳动强度

机械化作业可以减轻农民的劳动强度，降低农业生产的成本，提高农民的收益。

3. 促进农业现代化

农业机械化是农业现代化的重要标志，可以推动农业向规模化、集约化、产业化方向发展。

4. 实现可持续发展

通过优化农业机械化的生产方式，可以减少对环境的污染，降低能源消耗。

（二）农业机械化可持续发展的路径

1. 创新农业机械技术

要推动农业机械化的可持续发展，首先需要加强农业机械技术的创新。通过引进国外先进技术、加强自主研发等方式，不断提高农业机械的性能和效率，降低能耗和排放，减少对环境的影响。

2. 推广节能环保型农业机械

在农业机械的选择上，应优先推广节能环保型农业机械。这类机械采用先进的动力系统和传动系统，具有高效、低耗、低排放等特点，可以降低农业生产对环境的影响。

3. 优化农业机械化生产方式

要优化农业机械化生产方式，实现精准农业、智能农业，可通过引入物联网、大数据、人工智能等先进技术，对农田进行精准管理；同时，还可以实现农业机械的智能化控制，减少人为因素对农业生产的影响。

4. 加强农业机械化的政策支持

政府应制定相关政策措施，鼓励农民使用先进、节能、环保的农业机械。同时，还应加强农业机械化的宣传和培训，提高农民对农业机械化的认识和使用水平。

5. 加强农业机械化的国际合作与交流

要加强农业机械化的国际合作与交流，引进国外先进的农业机械技术和经验，推动我国农业机械化的发展。同时，还可以与国外开展联合研发、技术转移等活动，共同推动全球农业机械化的发展。

二、农业种植的可持续发展路径探索

农业种植的可持续发展已成为全球关注的焦点。传统的农业种植方式往往以高投入、高产出、高污染为代价，不仅对环境造成了严重破坏，也威胁到了农业的长期稳定发展。探索农业种植的可持续发展路径，对于保障粮食安全、促进农村经济发展、保护生态环境具有重要意义。

（一）转变农业种植观念

要实现农业种植的可持续发展，首先要转变传统的农业种植观念。我们要改变过去那种“以量取胜”的种植模式，转向“以质取胜”的种植理念。在种植过程中注重资源的合理利用，减少对环境的破坏，实现农业的生态化和绿色化。同时，要树立循环经济的理念，将废弃物转化为资源。

（二）推广绿色种植技术

绿色种植技术是农业种植可持续发展的关键。通过采用生物技术、信息技术等现代科技手段，可以有效提高农作物的产量和品质，降低农药和化肥的使用量。例如，采用生物防治技术防治病虫害，可以替代传统的化学防治方法，减少对农作物的伤害和对环境的污染。此外，还可以利用信息技术对农作物的生长过程进行精准管理，提高种植效率。

（三）优化种植结构

优化种植结构是实现农业种植可持续发展的重要措施。要根据当地的气候、土壤、水源等自然条件，选择适合当地生长的农作物品种，形成具有地方特色的种植结构。同时，

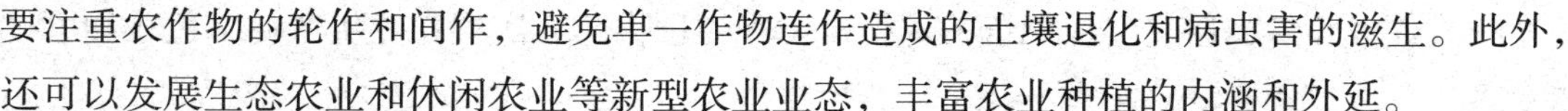

要注重农作物的轮作和间作，避免单一作物连作造成的土壤退化和病虫害的滋生。此外，还可以发展生态农业和休闲农业等新型农业业态，丰富农业种植的内涵和外延。

（四）加强政策支持和投入

政府应加强对农业种植可持续发展的政策支持和投入。通过制定相关政策和法规，引导农民转变种植观念，采用绿色种植技术。同时，要加大对农业科技的投入力度，推动农业科技创新和成果转化。此外，还可以建立农业种植可持续发展的激励机制，鼓励农民积极参与农业种植可持续发展的实践。

（五）提高农民素质和技能

农民是农业种植可持续发展的主体。提高农民素质和技能是实现农业种植可持续发展的重要保障。要加强农民教育培训工作，提高农民的科学文化素养和农业科技水平。同时，要注重培养农民的环保意识和社会责任感，引导他们积极参与农业种植可持续发展的实践。

（六）加强国际合作与交流

农业种植可持续发展是全球性问题，需要各国加强合作与交流。通过分享经验、交流技术、合作研究等方式，共同推动全球农业种植的可持续发展。此外，还可以加强农产品贸易合作，促进全球农业资源的优化配置和合理利用。

总之，农业种植的可持续发展是一个系统工程，需要政府、农民、科研机构等各方共同努力。通过转变观念、推广技术、优化结构、加强政策支持和投入、提高农民素质和技能以及加强国际合作与交流等措施，可以实现农业种植的可持续发展目标，为人类的生存和发展做出积极贡献。

第三节　对未来农业发展的展望与期待

随着科技的飞速发展和人口的不断增长，农业作为国民经济的基础产业，正面临着前所未有的挑战与机遇。在未来农业的发展道路上，农业机械化与农业种植的融合发展无疑将成为推动农业现代化的重要力量。下面将围绕这一趋势，从渗透农业种植思想、完善农机应用系统、优化农机推广模式三个方面，对未来农业的发展进行展望。

一、渗透农业种植思想

未来农业的发展，首先要从思想层面进行转变。传统的农业种植方式往往依赖于人力和自然条件，效率低下且易受环境因素影响。而现代农业种植思想则强调科技引领、绿色发展、高效可持续。在农业机械化与农业种植的融合发展中，我们要将这一思想渗透到农

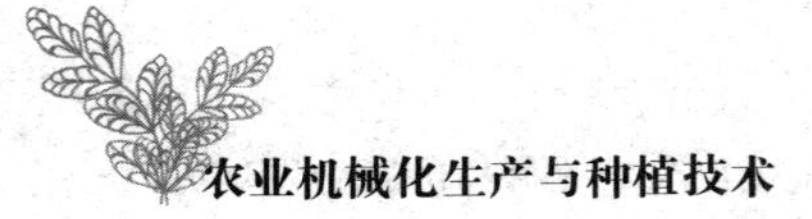

业生产的各个环节，通过引入先进的种植技术和管理模式，实现农业生产的绿色化和可持续发展。

二、完善农机应用系统

未来农业的发展需要进一步完善农机应用系统，提高农机装备的智能化、自动化水平。具体而言，可以从以下三个方面入手。

1.研发新型农机装备

针对农业生产中的不同环节和作物特点，研发具有高效、节能、环保等特点的新型农机装备。

2. 提升农机智能化水平

利用物联网、大数据、人工智能等现代信息技术，实现农机装备的智能化控制和管理。

3. 推广农机社会化服务

鼓励农机合作社、农机大户等组织提供农机社会化服务，提高农机资源的利用率和服务质量，降低农民的生产成本。

三、优化农机推广模式

农机推广是农业机械化与农业种植融合发展的关键环节。未来农业的发展需要优化农机推广模式，提高农机技术的普及率和应用水平。具体而言，可以从以下三个方面入手。

1. 加强农机技术培训

针对农民和农机操作人员的实际需求，开展有针对性的农机技术培训，提高他们的农机操作技能和安全生产意识。

2. 推广农机示范园区

建立农机示范园区，展示新型农机装备和技术成果，引导农民和农机合作组织参观学习，提高他们对农机技术的认识和接受度。

3. 创新农机推广机制

建立政府引导、市场主导、农民参与的农机推广机制，鼓励企业、科研机构和农民合作组织等多元主体参与农机推广工作，形成合力，推动农业机械化与农业种植的融合发展。

四、制定农业扶持政策

为了促进农业机械化与农业种植的深度融合，政府需要制定一系列具有针对性的扶持政策。首先，应加大对农业机械研发的投入，鼓励科技创新，推动高效、智能、环保的农业机械的研发和应用。其次，应建立农业机械购置补贴制度。此外，政府还应完善土地流转政策，推动土地适度规模经营，为农业机械化提供必要的土地条件。

同时，为了保障农产品质量安全和生态环境，政府应制定严格的农业种植标准和规范，推广绿色种植技术和生态农业模式。通过政策引导和市场机制，推动农业种植向规模化、

标准化、品牌化方向发展，提高农产品的附加值和竞争力。

五、加大人才培养力度

农业机械化与农业种植的融合发展离不开高素质人才的支撑。加大人才培养力度是未来农业发展的必然选择。

1. 培养新型职业农民

应加强农业职业教育和培训体系建设，提高农民的专业技能和文化素质。通过开展技能培训、实地教学、远程教育等多种形式的教育培训活动，培养一批懂技术、会经营、善管理的新型职业农民。

2. 推动产学研一体化发展

应鼓励高校和科研机构加强与农业产业的合作，推动产学研一体化发展。通过建立农业科技创新平台和成果转化基地，吸引更多的科技人才投身农业领域，为农业机械化与农业种植的融合发展提供智力支持。

3. 吸引优秀人才

应加强农业人才引进和留用工作，为农业领域吸引更多的高层次人才。通过制定优惠政策、提供良好的工作环境和生活条件等措施，吸引更多的优秀人才投身农业事业，为农业机械化与农业种植的融合发展注入新的活力。

六、推动农业机械化与种植技术的深度融合

我国气候条件各异。在推动农业机械化与种植技术融合发展的过程中，必须充分考虑到各地的实际情况，遵循因地制宜的原则。要根据不同地区的自然条件、资源禀赋和农业生产特点，选择适合的农业机械和种植技术，实现农业机械与种植技术的有机结合。

例如，在平原地区，可以推广大型、高效、智能的农业机械，提高土地利用率和劳动生产率；在山区和丘陵地区，则可以推广适应性强、操作简便的小型农业机械，满足当地农业生产的需求。同时，还要注重引进和培育适合当地气候条件的作物品种，推广先进的种植技术和管理方法。

七、优化拓展政府职能，为农业机械化与种植技术融合发展提供支持

政府在推动农业机械化与种植技术融合发展中扮演着至关重要的角色。为了充分发挥政府职能的作用，需要进一步优化和拓展政府职能，为农业机械化与种植技术融合发展提供有力支持。

1. 加大投入

政府应该加大对农业机械化和种植技术创新的投入力度，鼓励科研机构和企业开展技术研发和创新活动，推动农业机械和种植技术的不断进步。同时，还要加强农业技术推广体系建设，提高农民对新技术、新设备的认识和掌控能力。

2. 加强监管

政府应该加强对农业机械化和种植技术市场的监管和管理，规范市场秩序，保障农民和企业的合法权益。同时，还要建立健全农业机械化服务体系和农机维修网络，为农民提供及时、便捷的农机维修服务和技术支持。

3. 加大扶持力度

政府应该加大对农业机械化与种植技术融合发展的政策扶持力度，制定更加优惠的财政、税收和信贷政策，降低农民和企业的融资成本和技术创新风险。同时，还要加强农村基础设施建设，改善农村生产生活条件，为农业机械化与种植技术融合发展提供良好的环境保障。

未来农业的发展需要农业机械化与农业种植的融合发展。通过渗透农业种植思想、完善农机应用系统、优化农机推广模式等措施，我们有望实现农业生产的绿色化、高效化和可持续发展目标，为全球粮食安全和农村振兴贡献中国智慧和力量。

结 束 语

在深入探讨了农业机械化生产与种植技术的议题后，人类站在了这个时代的风口，这是一个既充满挑战又孕育着无限可能性的时代。农业，正经历着前所未有的变革。机械化生产与种植技术的融合，在保障粮食安全、促进农村经济发展等方面发挥了不可替代的作用。

回顾过去，人们见证了农业从手工劳作到机械化作业的转变，从传统的种植方式到精准农业的实践。这些变革不仅改变了农业生产的面貌，也深刻影响了农民的生活方式和农村的社会结构。大家为这些成就感到自豪，也对未来充满了期待。然而，这一领域的发展并非一帆风顺。人类面临着诸多挑战，如技术更新换代的快速性、农民对新技术接受度的差异，以及机械化与种植技术如何更好地结合等问题。但正是因为这些挑战，促使人类不断思考、探索、创新。

农业机械化生产与种植技术将迎来更加广阔的发展空间。智能化、自动化、信息化将成为农业发展的新趋势，为农业生产带来更高的效率和更好的效益。同时，人类面临着诸多挑战，如资源环境的约束、市场需求的多样化等。这些挑战要求人类不断创新，不断探索，以更加科学、更加可持续的方式推进农业现代化。

在此，呼吁全社会更加关注农业机械化生产与种植技术的发展。大家携手共进，共同开创农业发展的新篇章，为人类的未来贡献更多的智慧和力量。在这个时代，农业不仅是生产粮食的产业，更是实现可持续发展的关键领域。在未来的日子里，农业机械化生产与种植技术将继续书写辉煌的篇章，推动人类社会的进步和繁荣。

参 考 文 献

[1] 崔丽.农业机械化深松技术的应用及推广[J].现代农村科技，2024（7）：92-93.

[2] 郑文顺.浅谈农业机械化对农业经济发展的具体影响[J].南方农机，2024，55(12)：65-67.

[3] 李超.农业机械化在粮食增产和减损中的作用[J].南方农机，2024，55（12）：72-74，87.

[4] 李玲.农业机械化和农机装备产业转型升级的路径研究：以山东省鄄城县为例[J].南方农机，2024，55（12）：162-164.

[5] 陈志强.新形势下农业机械新技术推广应用概述[J].南方农机，2024，55（12）：192-194.

[6] 张瑞，田风霞.中国农业机械化水平对农业生产效率的影响研究[J].南方农机，2024，55（12）：11-15.

[7] 胡高鹏.浅析丘陵山区农业机械化发展难题与对策：以赤水市为例[J].南方农机，2024，55（12）：88-89+103.

[8] 靳超，于艳青.秋冬季核桃幼树栽植技术[J].现代农村科技，2024（7）：51.

[9] 李秀丽.关于设施农业机械化的现状与建议：以高唐县为例[J].山东农业机械化，2024（3）：24-25.

[10] 王刚毅，宓一鸣.农业机械化、农机服务与粮食生产技术效率：基于人口老龄化视角[J].中国农业机械化学报，2024，45（06）：284-293.

[11] 宋菊兰.乡村振兴背景下的农业机械化推广策略研究：以山东省为例[J].中国农业机械化学报，2024，45（6）：312-319，329.

[12] 李帅.浅析农业机械化对农作物病害发生的影响[J].南方农机，2024，55（11）：81-84.

[13] 郑军，武翠萍.农业保险、农业规模化经营与农业绿色生产[J].贵州大学学报（社会科学版），2024，42（3）：51-65.

[14] 崔思远，曹蕾，陈聪，等．基于应用场景的丘陵山区农业机械化发展路径研究［J］．智能化农业装备学报（中英文），2024，5（2）：1-8.

[15] 张春娟．大力推进农业机械化助推农业农村经济发展［J］．农村实用技术，2024（5）：113-114.

[16] 何诗璇，舒永久．中国式农业现代化的内涵及实现路径［J］．村委主任，2024（9）：243-245.

[17] 李昱瑶．浅析农机购置补贴对农业机械化的影响［J］．南方农机，2024，55（9）：77-79.

[18] 钟钰洁．农业机械化对农村经济发展的影响及趋势分析［J］．南方农机，2024，55（9）：83-85.

[19] 朱海婷，程颖，曹子沛，等．安徽省丘陵山区农业机械化水平研究［J］．智慧农业导刊，2024，4（9）：78-81，85.

[20] 李金铮．机械与机械化：近代中国农业现代化的共识及忧虑［J］．社会科学战线，2024（5）：124-139，294.

[21] 吴紫晗，苏春华，毛振强，等．全国农业机械化管理信息化发展状况调研［J］．农机科技推广，2024（4）：52-54.

[22] 杨飞．农业机械化发展对乡村振兴工作的推动作用［J］．黑龙江粮食，2024（4）：64-66.

[23] 王义中．水稻育插秧机械化技术的发展现状与趋势［J］．河北农机，2024（8）：24-26.

[24] 周占平．打造全国全程农业机械化示范乡［N］．张家口日报，2024-04-17（1）.

[25] 李菁媛．提高丘陵山区农业机械化水平［N］．中国农业机械化导报，2024-03-18（4）.

[26] 史文琴．丘陵山区农业生产全程机械化发展现状与对策［J］．河北农机，2024（5）：52-54.

[27] 朱兴业，赵莹，袁寿其，等．丘陵山区机械化灌溉现状与发展思考［J］．排灌机械工程学报，2024，42（3）：294-303.

[28] 陈翔．关于解决山区农业机械化发展问题的对策研究［J］．河北农机，2024（4）：60-62.

[29] 沈炫利．丘陵山区农业机械化发展存在的问题及建议［J］．现代农机，2024（1）：11-13.

[30] 孙昱珩，余晓洋，陈忠明．农业机械化对山区农户收入的影响机制分析：基于浙江省山区 26 县的面板数据［J］．资源开发与市场，2024，40（1）：91-98.

［31］李丽萍．丘陵山区农业机械化发展探析［J］．当代农机，2023（12）：45–47.

［32］王东洋，何亚凯，韩亚芬，等．丘陵山区农业机械研究现状及发展建议［J］．农业工程，2023，13（12）：5–10.

［33］王文明，潘丽芹，徐森富．丘陵山区农业机械化发展现状与对策［J］．现代化农业，2023（11）：88–90.

［34］陶成林．丘陵山区农业机械化发展主要问题及应对策略分析［J］．农业工程与装备，2023，50（4）：6–8.

［35］熊春立．果树栽培管理技术及病虫害防治措施探究［J］．新农业，2023（15）：40–41.

［36］李宏涛，李佩，巴光玉，等．丘陵山区农业机械技术推广存在问题及解决对策探析［J］．农业机械，2023（8）：91–93.

［37］孙永刚．促进丘陵山区农业机械化发展的探讨［J］．当代农机，2023（7）：50+52.

［38］张艳红．果树栽植技术［J］．现代农村科技，2023（7）：59.

［39］辜其斌．丘陵山区农业机械化之我见［J］．农业开发与装备，2023（6）：218–220.

［40］宋锋，杨胜南，刘焕新，等．丘陵山区机械化技术与设备研究［J］．河北农机，2023（11）：37–39.

［41］田丕，郭飒，李莹．丘陵山区农业提质增效离不开机械化［N］．安康日报，2023–06–05（5）.

［42］黄英超．浅析果树种植密度与施肥技术［J］．农业开发与装备，2023（5）：229–230.

［43］姜常松．设施果树栽培技术在现代林果业种植中的应用［J］．世界热带农业信息，2021（6）：5–6.

［44］宫玉敏．果树栽植机械化关键技术研究［D］．淄博：淄博市农业机械研究所（淄博市机械研究所），2021–06–18.

［45］罗信纯．果树栽培技术在现代林果业种植中的应用［J］．广东蚕业，2021，55（6）：99–100.

［46］徐勤邓．果树种植密度与施肥技术［J］．湖北农业机械化，2020（16）：59–60.

［47］田金欣．果树栽培管理技术及病虫害防治措施探究［J］．南方农业，2020，14（24）：43，48.

［48］王智勇．果树春季栽植技术［J］．现代农村科技，2020（5）：39.

［49］王倩．果树栽培技术在现代林果业种植中的应用［J］．南方农业，2020，14（14）：33–34.

［50］徐建萍．果树种植密度与秋季施肥技术分析［J］．农家参谋，2020（10）：122.

［51］张宁．试论果树栽培管理措施及种植技术要点［J］．新农业，2020（4）：49–50

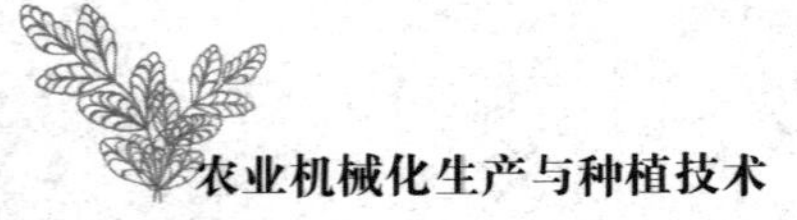

［52］彭竹青．果树栽培管理措施和种植技术要点［J］．农村科学实验，2020（2）：77-78.
［53］李晓松，李国强．北方果树栽培管理措施及栽植技术要点［J］．江西农业，2019（24）：12-13.
［54］齐云峰．寒富苹果树种植技术及病虫害防治措施［J］．吉林农业，2019（22）：75.
［55］王丹丹，安福雁，姚凤华，等．果树栽培管理技术及病虫害防治措施探究［J］．现代园艺，2019（20）：28-29.
［56］李丽，王慧先．果树种植密度与秋季施肥技术分析［J］．山西农经，2019（17）：120，122.
［57］姜永峰，邢英丽，张春波，等．适宜在东北地区栽植的几种优质庭院果树［J］．农业科技通讯，2019（8）：411-412.
［58］于燕琴．果树种植密度与秋季施肥技术分析［J］．现代园艺，2019（15）：75-76.
［59］夏小东．绿化果树苗木的培育与栽植管理技术［J］．农民致富之友，2019（9）：187.
［60］陈在伟．进村果树栽植技术［J］．河南林业科技，2019，39（1）：55-56.